Yoël Lana-Renault

La meccanica delle "bolle di Aspin"

Yoël Lana-Renault

La meccanica delle "bolle di Aspin"

L'origine di tutte le forze conosciute

SciexnciaScripts

Imprint
Any brand names and product names mentioned in this book are subject to trademark, brand or patent protection and are trademarks or registered trademarks of their respective holders. The use of brand names, product names, common names, trade names, product descriptions etc. even without a particular marking in this work is in no way to be construed to mean that such names may be regarded as unrestricted in respect of trademark and brand protection legislation and could thus be used by anyone.

Cover image: www.ingimage.com

This book is a translation from the original published under ISBN 978-620-7-46752-5.

Publisher:
Sciencia Scripts
is a trademark of
Dodo Books Indian Ocean Ltd. and OmniScriptum S.R.L publishing group

120 High Road, East Finchley, London, N2 9ED, United Kingdom
Str. Armeneasca 28/1, office 1, Chisinau MD-2012, Republic of Moldova, Europe
Printed at: see last page
ISBN: 978-620-7-34410-9

Copyright © Yoël Lana-Renault
Copyright © 2024 Dodo Books Indian Ocean Ltd. and OmniScriptum S.R.L publishing group

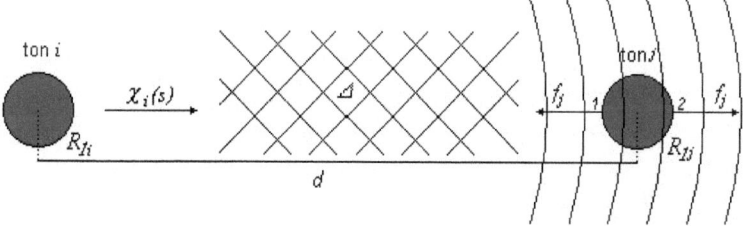

Schema semplificato dell'autopropulsione ton in etere

La meccanica delle "bolle di Aspin"

La meccanica delle "bolle di Aspin"

Yoël Lana-Renault

*Dottore in Fisica
dall'Università di Saragozza, Spagna
Indirizzo e-mail: yoelclaude@telefonica.net
Sito web: http://www.yoel-lana-renault.es/
Traduzione di: Natalia Prío Platz*

INDICE

Astratto 5

1.- Introduzione alle bolle di Aspin 6

2.- Energia interna e dimensione della tonnellata 22

3.- Le forze Yannoe (sconosciute) 27

4.- Conclusioni e temi rilevanti per il futuro 60

Astratto

La "Bolla di Aspin" è una teoria meccanica in cui con una sola interazione onda-particella è possibile riprodurre tutte le forze conosciute e inoltre ottenere forze ancora non scoperte.

Vedremo che l'interazione meccanica onda-particella ci porta a comprendere e ottenere le forze elettriche e, considerando che queste forze hanno una piccola asimmetria non osservata, si ottiene la forza di gravità.

La teoria si basa sull'ipotesi che i componenti primari della materia siano solo due particelle pulsanti che generano onde sferiche in un mezzo elastico che riempie l'intero universo. L'interazione tra queste particelle e le loro onde riproduce tutte le forze della natura.

La teoria costruisce e descrive anche la struttura interna dell'atomo, le sue particelle fondamentali e le altre particelle conosciute.

Parole chiave: Bolle di Aspin, onde anarmoniche, positon, negaton, ton, etere, proprietà di autopropulsione del ton, forze elettriche, gravità, Casimir, van der Waals, Yannoe.

1.- Introduzione alle bolle di Aspin

Le bolle di Aspin ritengono che tutti i fenomeni fisici esistenti nel nostro universo possano essere spiegati meccanicamente. Per fare ciò, assume che esista l'etere e che la materia sia strutturata da alcuni componenti unici chiamati tonnellate.

1.1 L'etere come supporto e trasmettitore di onde

Guardiamo alla storia. Santiago Burbano de Ercilla, nel suo libro sulla Fisica generale, afferma quanto segue:

Le leggi della meccanica sono invarianti in una trasformazione galileiana tra telai inerziali. Tuttavia, in ultima analisi, non siamo stati in grado di determinare un quadro inerziale fisso in prima istanza a cui riferire qualsiasi movimento. I fisici del XIX secolo credevano di aver trovato tale sistema assoluto in quello che chiamavano "etere luminifero" o semplicemente "etere". Tutti i movimenti ondulatori studiati fino ad allora (onde dell'acqua, onde sonore...) necessitavano di un supporto materiale per propagarsi; pertanto, quando i lavori di Huygens, Young e Fresnel affermarono la natura ondulatoria della luce, l'etere fu indubbiamente definito come il mezzo attraverso il quale si trasmettono le onde luminose. In seguito, il ruolo svolto dall'etere fu dedotto anche dai fenomeni gravitazionali ed elettromagnetici. L'etere fu definito come una sostanza immateriale e stazionaria, presente in tutto l'universo e in grado di fluire liberamente attraverso tutti i corpi materiali che si muovono in esso. Poiché le onde luminose erano interpretate come oscillazioni dell'etere, si concluse che la loro velocità rispetto all'etere era costante e dipendeva solo dalle proprietà dell'etere, indipendentemente dalla velocità della sorgente emittente. Dato che la velocità della luce è costante rispetto all'etere, dovrebbe fornire un metodo per misurare i movimenti assoluti. Nel 1875, Maxwell propose un esperimento per misurare il movimento assoluto della Terra. Poiché il nostro pianeta si muove intorno al Sole a una velocità approssimativa di $30\ km/s$, anche se il Sole fosse fermo rispetto all'etere, la Terra deve incontrare quello che fu chiamato "vento d'etere", con la stessa velocità e direzione opposta, che farà sì che un osservatore situato sulla sua superficie ottenga valori diversi per la velocità della luce se la misura in direzioni diverse rispetto al vento d'etere. Nel 1887, Michelson e Morley realizzarono l'esperimento che porta il loro nome con un interferometro. Essi sovrapposero due raggi provenienti dalla stessa sorgente che avevano viaggiato in direzioni diverse, per ottenere una figura di interferenza, costituita da bande chiare e scure alternate. Una volta stabilita la figura di interferenza, fecero ruotare l'interferometro, cambiandone l'orientamento rispetto al vento d'etere. Non hanno osservato alcun cambiamento nelle bande di interferenza.

Sia che girassero il dispositivo $90°$ in $180°$ una direzione o nell'altra, la direzione presunta di propagazione dei raggi rimaneva invariata e non si notava alcun effetto del vento eterico. Il risultato fu un tale shock per i fisici che iniziarono immediatamente a cercare spiegazioni e altre alternative che giustificassero l'assenza del vento d'etere".

Una spiegazione a questo fatto era il concetto di "etere trascinato dalla Terra". Si supponeva che l'etere aderisse a tutti i corpi di massa finita e che quindi il risultato dell'esperimento di Michelson-Morley fosse corretto. Inoltre, non comportava alcuna modifica della meccanica classica né dell'elettromagnetismo. Tuttavia, altri esperimenti come l'aberrazione stellare di Bradley e l'esperimento di Fizeau, in cui si dimostrava che la luce era parzialmente trascinata da un mezzo in movimento (previsione di J.A. Fresnel del 1817), non potevano essere spiegati dall'ipotesi del trascinamento dell'etere.

Tutte queste contraddizioni sono risolte dall'etere proposto da Aspin Bubbles nel 2006. Abbiamo un etere stazionario, continuo, omogeneo e isotropo formato da due sostanze sconosciute A y B con diverse proprietà elastiche. Non hanno massa né energia, ma possiamo identificare la quantità di tali sostanze che formano l'etere attraverso il nuovo concetto di "masse passive" A e B, masse dette "passive" perché non hanno energia e sarebbero in qualche modo equivalenti alla sostanza immateriale simile all'etere menzionata nel XIX secolo. L'etere riempie tutto lo spazio che la materia non occupa e funge da supporto per tutte le onde conosciute. Inoltre, non oppone alcuna resistenza al passaggio della materia. L'etere è una maglia elastica tridimensionale.

Le onde di materia modificano le proprietà elastiche di questo etere e la loro velocità di propagazione è indipendente dalla velocità della sorgente emittente (che è la materia).

In pratica, questo etere è l'"etere luminifero" definito nel XIX secolo. C'è solo una piccola ma rilevante differenza, ovvero il fatto che la materia che si muove attraverso questo etere stazionario ha con sé il proprio campo d'onda. E questo campo d'onde modifica costantemente le proprietà elastiche dell'etere che attraversa, il che significa che le proprietà elastiche dell'etere, perturbate dalla materia esistente intorno ad esso, accompagnano la materia quando si muove. Questa piccola differenza è la soluzione perfetta per l'interpretazione degli esperimenti sopra citati e anche per l'interpretazione di altri esperimenti.

1,2 Tonnellate, gli unici costituenti della materia

La materia è formata da singoli componenti chiamati tonnellate. L'etere riempie l'intero spazio fisico (vuoto) e non si muove. Le tonnellate sono immerse nell'etere e lo perturbano.

I ton sono bolle pulsanti di etere energetico, un etere che assume la forma di una sfera che si comprime e si dilata. Il movimento oscillatorio della loro membrana o superficie sferica è armonico e asimmetrico. Il loro raggio oscilla intorno a una posizione di equilibrio e può essere calcolato con la seguente formula:

$$r = r(\omega t) = \{r_o + A_o \cdot \sin(\omega t)\}^x \quad (1)$$

dove r_o, A_o e x, sono parametri specifici di ogni ton, e soddisfano le seguenti relazioni:

$$r_o > A_o > 0 \quad \text{y} \quad 1-\varepsilon < x < 1+\varepsilon, \quad (2)$$

essendo ε un infinitesimo.

La funzione che definisce il movimento oscillatorio della superficie sferica ton, con una frequenza angolare ω, è la soluzione esatta a energia zero del seguente potenziale armonico:

$$V(r) = \frac{1}{2} M x^2 \omega^2 r^2 \{1 - 2r_o r^{-1/x} + (r_o^2 - A_o^2) \cdot r^{-2/x}\} \quad (3)$$

dove M è la massa passiva dell'etere che costituisce la tonnellata.

Lo sviluppo e la visualizzazione di questo potenziale sono riportati nell'articolo: "*Exact zero-energy solution for a new family of anharmonic potentials*", pubblicato nella rivista dell'Accademia delle Scienze (*Revista Academia de Ciencias*), Zaragoza. **55**: 103-109, ed è disponibile al seguente link:

http://www.yoel-lana-renault.es/ExactzeroenergyAcadCiencias.pdf

NOTA: Il potenziale è armonico, ma a causa del fatto che le ampiezze della soluzione esatta $r(\omega t)$ sono asimmetriche, è stato chiamato anarmonico. In realtà si tratta di un potenziale armonico asimmetrico.

Questo potenziale elastico $V(r)$ regola il movimento oscillatorio della superficie sferica del ton; la compressione e la dilatazione dell'etere passivo che lo compone perché ha acquisito un'energia E.

Nell'etere non c'è attrito e quindi l'energia totale E si conserva, quindi possiamo scriverlo:

$$E = V(r) + T(r) \quad (4)$$

essendo $T(r) = \frac{1}{2} M \cdot v(r)^2$, l'energia cinetica della membrana sferica ton.

Nei grafici dell'articolo sopra citato la forma acquisita dal potenziale può essere vista come una funzione del suo parametro a , anche se qui lo abbiamo chiamato x .

Per i valori $V(r) < E$, si osserva che il potenziale regola il movimento pulsante del ton. Per energia zero, con la condizione al contorno $V(r) = 0$, i raggi minimo e massimo della membrana o della superficie del ton sono rispettivamente:

$$R_m = r(-\pi/2) = (r_o - A_o)^x \quad e$$
$$R_M = r(\pi/2) = (r_o + A_o)^x \quad (5)$$

e il raggio della posizione di equilibrio corrispondente al potenziale minimo è

$$R_1 = r(\varphi_1) = \left(r_o + \frac{-r_o + \sqrt{r_o^2 + 4x(x-1)A_o^2}}{2x} \right)^x \quad (6)$$

essere
$$\varphi_1 = \arcsin\left(\frac{-r_o + \sqrt{r_o^2 + 4x(x-1)A_o^2}}{2x \cdot A_o} \right) \quad (7)$$

La velocità radiale della membrana ton è:

$$v(t) = x \omega A_o \cdot \{ r_o + A_o \cdot \sin(\omega t) \}^{x-1} \cdot \cos(\omega t) \quad (8)$$

e la sua accelerazione

$$a(t) = -x \omega^2 r \left\{ x - \frac{(2x-1) r_o}{r_o + A_o \cdot \sin(\omega t)} + \frac{(x-1)(r_o^2 - A_o^2)}{\{r_o + A_o \cdot \sin(\omega t)\}^2} \right\} \quad (9)$$

Nella posizione di equilibrio R_1 , la velocità della membrana è massima, $v_M = v(\varphi_1)$ e $\varphi_1 \neq 0$ per $x \neq 1$. Il valore di $\varphi_1 \neq 0$ è dovuto all'asimmetria del potenziale. Tale asimmetria è, infatti, una correzione infinitesimale del potenziale di Hooke $(x = 1)$.

Tra le posizioni R_m e R_1, la superficie del ton sviluppa una forza impellente (*imp.*) a causa della sua accelerazione positiva, $a(t) > 0$, mentre tra le posizioni R_1 e R_M la forza è aspirante (*asp.*) come conseguenza della sua accelerazione negativa, $a(t) < 0$.

Nella posizione di equilibrio R_1, la velocità della membrana è quella massima, $v_M = v(\varphi_1)$ e $\varphi_1 \neq 0$ per $x \neq 1$. Il valore di $\varphi_1 \neq 0$ è dovuto all'asimmetria di potenziale. Questa asimmetria è, infatti, una correzione infinitesimale del potenziale di Hooke ($x = 1$).

Tra le posizioni R_m e R_1, la superficie ton sviluppa una forza motrice (*imp.*) in quanto la sua accelerazione è positiva, $a(t) > 0$, mentre tra le posizioni R_1 e R_M sviluppa una forza aspirante (*asp.*) in quanto la sua accelerazione è negativa, $a(t) < 0$.

I valori medi di queste accelerazioni sono: (10) e (11)

$$\bar{a}(imp.) = \frac{\omega}{\varphi_1 + \pi/2} \int_{-\pi/2\omega}^{\varphi_1/\omega} a(t)dt = \frac{\omega \cdot v(\varphi_1)}{\varphi_1 + \pi/2} > 0$$

$$\bar{a}(asp.) = \frac{\omega}{\pi/2 - \varphi_1} \int_{\varphi_1/\omega}^{\pi/2\omega} a(t)dt = \frac{\omega \cdot v(\varphi_1)}{\varphi_1 - \pi/2} < 0$$

e sommando entrambe le accelerazioni, si ottiene l'accelerazione radiale media sulla membrana o superficie ton, che è:

$$\bar{a} = \bar{a}(imp.) + \bar{a}(asp.) = \frac{2\varphi_1 \cdot \omega \cdot v(\varphi_1)}{\varphi_1^2 - (\pi/2)^2} \qquad (12)$$

Quando l'esponente x assume il valore 1 (potenziale di Hooke), si ottiene logicamente $\bar{a}(imp.) = |\bar{a}(asp.)|$ e, quindi, la sua accelerazione media $\bar{a}$ è nulla.

Tuttavia, nel movimento armonico asimmetrico della superficie ton, l'esponente x ha sempre un valore diverso da 1, e quindi si verifica quanto segue:

Se $0 < x < 1 \Rightarrow \overline{a}(imp.) > |\overline{a}(asp.)|$,

$$\text{pertanto}, \overline{a} > 0 \quad (13)$$

e se $x > 1 \Rightarrow \overline{a}(imp.) < |\overline{a}(asp.)|$, allora $\overline{a} < 0$ (14)

Abbiamo accelerazioni medie positive o negative a seconda del valore di x , ed è per questo che le tonnellate pulsanti immerse in un mezzo (etere) possono agire come giranti o pompe aspiranti.

Il ton che assume valori $0 < x < 1$ è chiamato "positon", e la sua membrana è costituita da etere A energetico, per cui è chiamato anche ton A o positon A , ed è una pompa meccanica a girante.

Il ton che assume valori $x > 1$ è chiamato "negaton", e la sua membrana è fatta di etere B energetico, di conseguenza è chiamato anche ton B o negaton B , ed è una pompa meccanica aspirante.

Queste tonnellate pulsanti, immerse in un fluido omogeneo e isotropo come l'etere e a causa della loro forma sferica, sarebbero statiche (non si muoverebbero) a causa dell'equilibrio continuo delle forze. Tuttavia, è sufficiente un piccolo gradiente di densità o un gradiente legato a qualche proprietà elastica (rigidità, durezza, ecc.) perché le tonnellate si autospingano in una direzione specifica o in quella opposta, a seconda che si tratti di tonnellate giranti (positone) o aspiranti (negatone). Ed è proprio questo che accade.

1.3 Potenziali asimmetrie

Per poter osservare le asimmetrie esistenti tra il potenziale di un positon e quello di un negaton, abbiamo costruito alcuni potenziali con i seguenti dati comuni:

$$M = 1 \, kg \quad \omega = 10 \, rad/s \quad r_o = 2 \quad A_o = 1 \quad (15)$$

dove li differenziamo per il valore del loro esponente x .

Per la posizione otteniamo la seguente figura:

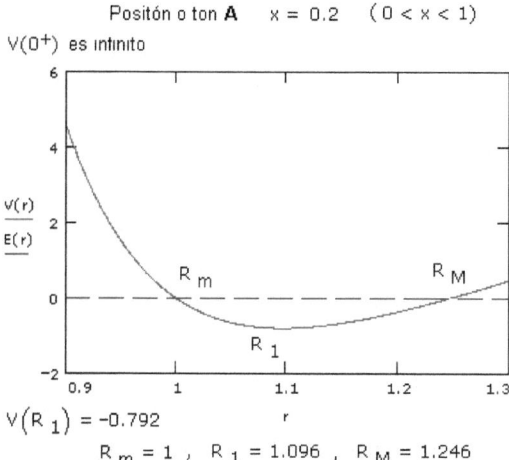

Positón o ton **A**   x = 0.2   (0 < x < 1)

$V(0^+)$ es infinito

$V(R_1) = -0.792$

$R_m = 1$, $R_1 = 1.096$, $R_M = 1.246$

e la sua asimmetria $R_M - R_1 > R_1 - R_m$ mostra che si tratta di una pompa a girante.

Per il negaton, otteniamo l'asimmetria opposta $R_M - R_1 < R_1 - R_m$, che indica che abbiamo a che fare con una pompa aspirante come si riflette nel suo potenziale.

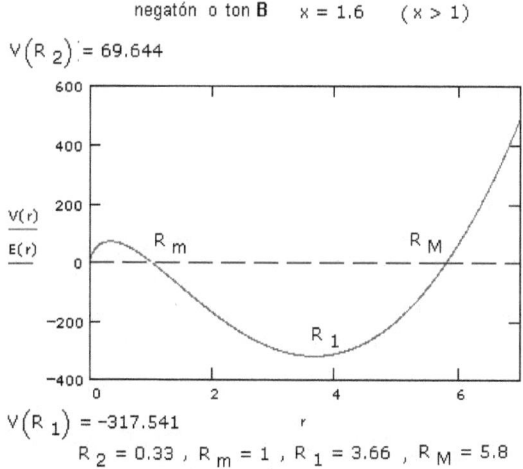

negatón o ton **B**   x = 1.6   (x > 1)

$V(R_2) = 69.644$

$V(R_1) = -317.541$

$R_2 = 0.33$, $R_m = 1$, $R_1 = 3.66$, $R_M = 5.8$

Queste asimmetrie, che sono brevettate nell'ampiezza dell'onda e che abbiamo tracciato con valori speciali, non si osservano nel potenziale o nella pulsazione delle tonnellate, e ancor meno nelle onde sferiche create quando introduciamo dati reali.

L'asimmetria esistente è infinitesimale. Per avere un'idea, il valore dell'esponente x di un positone con una massa pari a quella di un positrone è:

$$x_A = 0.99775825988766441974.....$$

e quella di un negaton con una massa pari a quella di un elettrone è:

$$x_B = 1.00225183617529672225.....$$

Il valore degli esponenti delle tonnellate con massa diversa ha sempre gli stessi decimali significativi fino alla posizione 20 . Dalla posizione 21 , i decimali cambiano valore a seconda della massa della tonnellata.

In Aspin Bubbles lavoriamo sempre con almeno 70 decimali significativi per poter ottenere la gravità e altri risultati.

Il nostro micromondo è asimmetrico, ma anche se per il momento non possiamo osservare queste asimmetrie infinitesimali, esse causano tutte le asimmetrie generali che osserviamo nel nostro mondo reale.

Insisto sul fatto che questa asimmetria infinitesimale nella pulsazione ton si trasmette alle onde sferiche che si propagano nell'etere alla velocità della luce c . Abbiamo onde sferiche (longitudinali) che sono asimmetriche nella loro ampiezza e che non possiamo rilevare con i nostri mezzi attuali.

Ora vedremo che sono le tonnellate stesse a disturbare l'omogeneità dell'etere.

1.4 Onde sferiche asimmetriche in ampiezza e loro conseguenze: l'autopropulsione ton

Le tonnellate immerse nell'etere emettono le seguenti onde sferiche ϕ ; si tratta di onde armoniche longitudinali asimmetriche in ampiezza che lo perturbano, polarizzando questo mezzo radialmente e producendo in esso un gradiente di densità, elasticità e durezza dovuto all'ampiezza asimmetrica dell'onda, che è inversamente proporzionale alla distanza d .

$$\phi(d, t) = cte. \frac{\varphi(d, t)}{d} \qquad (16)$$

essere $\varphi(d, t) = \{ r_o + A_o \cdot \sin(k d - \omega t) \}^x - R_1$ (17)

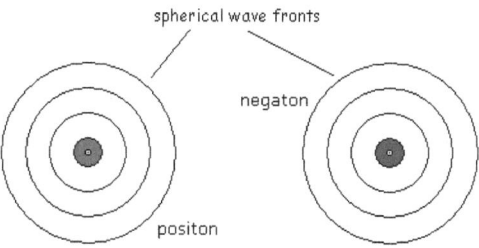

Spherical waves emitted by a positon and a negaton that propagate radially outward

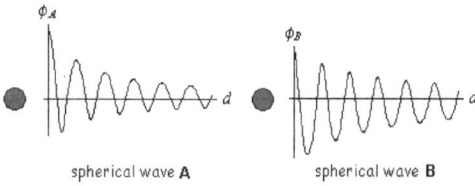

Figura 1. - Onde sferiche asimmetriche in ampiezza

La pulsazione ton produce dilatazioni e contrazioni dell'etere che si propagano alla velocità della luce. L'etere è elastico e riproduce il movimento armonico di membrana o di superficie del ton, che è asimmetrico in ampiezza. Ha un comportamento inerziale non lineare. Abbiamo quindi onde longitudinali asimmetriche in ampiezza che si propagano nello spazio e che sono sostenute dall'etere. L'etere acquisisce un gradiente di densità e le tonnellate si autopropagano in questo mezzo.

Nel caso dei positoni, le contrazioni sono più forti delle dilatazioni, al contrario dei negatoni. Questo è il motivo per cui si parla di tonnellate che polarizzano l'etere attraverso un campo d'onda e per cui si associa questo comportamento, come vedremo in seguito, al concetto classico di campo elettrico. Per comprendere l'interazione meccanica tra due tonnellate, vediamo la figura seguente, dove il positone agisce come una pompa a girante che indurisce l'etere, e dove il negatone agisce come una pompa aspirante che ammorbidisce l'etere.

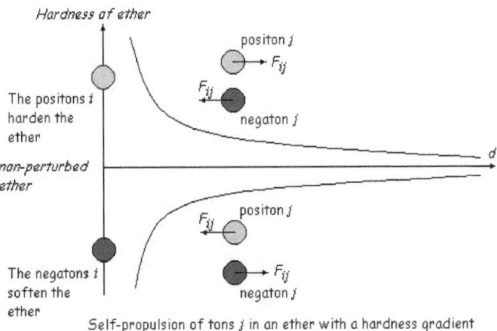

Figura 2. - Autopropulsione di tonnellate j in etere configurata da tonnellate i

Non si tratta quindi di un etere statico, ma di un etere dinamico, configurato dai mattoni della materia: le tonnellate. Le onde emesse dalle tonnellate costituiscono la dinamica dell'etere. La maglia elastica dell'etere subisce contrazioni e dilatazioni a causa del passaggio delle onde.

Nell'ultima figura si osserva che in un etere perturbato dalle postazioni i, la durezza dell'etere diminuisce con la distanza, e quindi poiché una postazione j, è una pompa a girante, si sposta verso destra con una forza $F_{ij}(d)$ in conseguenza del fatto che alla sua sinistra trova più durezza che alla sua destra. Nel caso del negaton j avviene il contrario: essendo una pompa aspirante, si sposta verso sinistra con un'altra forza $F_{ij}(d)$.

Nel caso di un etere perturbato da negatoni i, l'etere diventa più morbido e la sua durezza aumenta con la distanza fino al valore che l'etere non perturbato ha nell'infinito. In questo gradiente di durezza, logicamente, la posizione j si sposta verso sinistra e il negato j verso destra con le forze $F_{ij}(d)$.

Riassumendo, le tonnellate si autopropagano con forze $F_{ij}(d)$ che dipendono dal gradiente di durezza che trovano nel loro cammino attraverso l'etere configurato da altre tonnellate.

1,5 tonnellate di autopropulsione. Forze F$_{ij}$

La forza $F_{ij}(d)$ che misura l'autopropulsione del ton j in un qualsiasi etere i è la somma di due interazioni meccaniche onda-ton che si producono ai due lati del ton j. Questa forza può essere dedotta attraverso l'analisi della figura seguente:

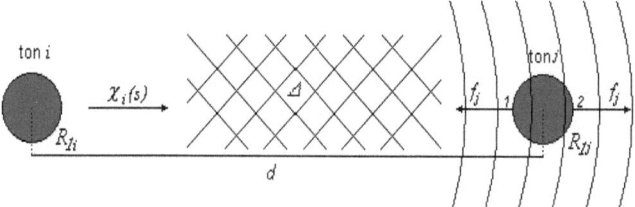

Figura 3. - Schema semplificato dell'autopropulsione ton in etere

Non conosciamo esattamente l'aspetto della maglia elastica dell'etere strutturante la massa passiva. Tuttavia, possiamo immaginare che sia formata in modo omogeneo da cellule composte da sostanze alternate A e B, e che tutte abbiano una massa passiva Δ. La ton i ha una massa attiva (newtoniana, energetica) m_i, la cui pulsazione produce nell'etere onde sferiche di ampiezza asimmetrica, tali da generare un gradiente di durezza elastica che possiamo rappresentare attraverso un coefficiente di forza adimensionale. Per una distanza s dalla ton i possiamo affermare che il coefficiente assume la forma seguente:

$$\chi_i(s) = \delta_i \cdot \frac{m_i}{n \cdot \Delta} \cdot \frac{R_{1i}}{s} \qquad (18)$$

dove δ_i assume il valore 1 se la ton i è una posizione e -1 se è un negato, tenendo conto che la posizione indurisce l'etere e il negato lo ammorbidisce (la durezza ha direzione opposta), come abbiamo detto nella sezione 1.4.

Inoltre, consideriamo che la tonnellata i è circondata da cellule n con una massa passiva Δ, il che significa che:

$$s \geq R_{1i} + R_{1j} \quad y \quad \chi_i(\infty) = 0 \qquad (19)$$

Ton j è inoltre circondato da n cellule Δ e la sua mezza superficie sferica esercita sull'etere circostante i la seguente mezza forza:

$$\overline{f}_j = \frac{1}{2} \cdot (n \cdot \Delta) \cdot \overline{a}_j \qquad (20)$$

dove $\overline{a}_j$ è l'accelerazione media.

Applicando ora il principio di azione-reazione a entrambi i lati di $(1, 2)$ ton j, si ottengono due reazioni eteree che dipendono dal coefficiente di restituzione della forza stabilito:

$$\chi_i\left(d - R_{1j}\right)\cdot \overline{f}_j \quad y \quad \chi_i\left(d + R_{1j}\right)\cdot\left(-\overline{f}_j\right) \quad (21)$$

Sono anche chiamate interazioni meccaniche onda-tonica.

E sommando entrambe le reazioni, si ottiene la forza di autopropulsione ton j $F_{ij}(d)$ nell'etere i, il cui valore è:

$$F_{ij}(d) = \delta_i \cdot m_i \cdot \overline{a}_j \cdot \frac{R_{1i} \cdot R_{1j}}{d^2 - R_{1j}^2} \quad (22)$$

Allo stesso modo, dedurremmo che la ton i si auto-propaga nell'etere configurato dalla ton j con la forza

$$F_{ji}(d) = \delta_j \cdot m_j \cdot \overline{a}_i \cdot \frac{R_{1j} \cdot R_{1i}}{d^2 - R_{1i}^2} \quad (23)$$

Le forze di autopropulsione delle tonnellate $F_{ij}(d)$ e $F_{ji}(d)$ sono il risultato della somma di due interazioni onda-tonnellata che seguono la Terza Legge di Newton e sono completamente indipendenti l'una dall'altra. Come vedremo in seguito, queste forze hanno valori assoluti uguali o diversi a seconda delle tonnellate coinvolte.

1.6 Le forze elettriche, la forza di gravità, la forza di Casimir, le forze nucleari e altre ancora

Tutte le forze conosciute hanno origine nelle forze di autopropulsione $F_{ij}(d)$ tra le tonnellate. Per verificare questa affermazione è sufficiente identificare la forza $F_{ij}(d)$ con la forza elettrica di Coulomb modificata come segue: (24)

$$F_{ij}(d) = \delta_i \cdot m_i \cdot \overline{a}_j \cdot \frac{R_{1i} \cdot R_{1j}}{d^2 - R_{1j}^2} = \delta_i \delta_j \cdot \frac{Aspin_i}{Aspin_j} \cdot \frac{ke^2}{d^2 - R_{1j}^2}$$

dove *Aspin* fattori sono le cause principali di una piccola asimmetria infinitesimale nel valore di tali forze che ci portano a ottenere forze come la forza di gravità e la forza di Casimir, tra le altre. Per una tonnellata i, il suo valore è:

$$Aspin_i = \sqrt{1+H_i} + \delta_i \cdot \sqrt{H_i} \text{ , con } H_i = \frac{Gm_i^2}{ke^2} \quad (25)$$

essendo G la costante gravitazionale universale.

L'espressione del denominatore $d^2 - R_{1j}^2$ è molto importante, poiché discrimina le forze elettriche da quelle nucleari e la forza di gravità dalla forza di Casimir.

a) Forze elettriche.-
Per lunghe distanze tra le tonnellate, $d \gg R_{1j}$, possiamo trascurare R_{1j} e ricavare le forze elettriche

(26)

$$F_{ij}(d) = \delta_i \cdot m_i \cdot \bar{a}_j \cdot \frac{R_{1i} \cdot R_{1j}}{d^2 - R_{1j}^2} \square \; \delta_i \delta_j \cdot \frac{Aspin_i}{Aspin_j} \cdot \frac{ke^2}{d^2}$$

- Se le tonnellate sono uguali: 2 negatoni (elettroni) o 2 positoni (positroni, protoni, ecc.) si ottiene la forza di repulsione elettrica:

$$F_{ij}(d) = \delta_i \cdot m_i \cdot \bar{a}_j \cdot \frac{R_{1i} \cdot R_{1j}}{d^2 - R_{1j}^2} \square + \frac{ke^2}{d^2} \quad (27)$$

- E se le tonnellate hanno cariche opposte: 1 negativo (elettrone) e 1 positivo (positrone, protone, ecc.) si ottiene la forza di attrazione elettrica:

$$F_{ij}(d) = \delta_i \cdot m_i \cdot \bar{a}_j \cdot \frac{R_{1i} \cdot R_{1j}}{d^2 - R_{1j}^2} \square$$

$$\square - \frac{Aspin_i}{Aspin_j} \cdot \frac{ke^2}{d^2} \square - \frac{ke^2}{d^2} \quad (28)$$

tenendo presente che $Aspin_i \cong Aspin_j$.

b) Forze nucleari
- Per piccole distanze tra tonnellate opposte, $d \approx R_{1i} + R_{1j}$, si ottengono le forze nucleari.

$$F_{ij}(d) = \delta_i \cdot m_i \cdot \overline{a}_j \cdot \frac{R_{1i} \cdot R_{1j}}{d^2 - R_{1j}^2}$$

$$-\frac{Aspin_i}{Aspin_j} \cdot \frac{k\,e^2}{R_{1i}^2 + 2 \cdot R_{1i} \cdot R_{1j}} \qquad (29)$$

Poiché il denominatore è molto piccolo, le forze di attrazione tra tonnellate opposte raggiungono valori di migliaia di Newton. Per esempio, un positone e un negatore, ciascuno con una massa pari a duemila elettroni, sono legati da una forza di $2060,46$ N.

c) La forza di gravità.-
La forza di gravità F_G tra due masse neutre M e m, è la somma di tutte le forze elettriche F_{ij} esistenti tra le particelle elementari (tonnellate) che le costituiscono, cioè:

$$F_{Mm} = \sum F_{ij} = \sum \delta_i\, \delta_j \cdot \frac{Aspin_i}{Aspin_j} \cdot \frac{k\,e^2}{d^2} =$$

$$= F_G = -\frac{GMm}{d^2} \qquad (30)$$

In altre parole, la forza di gravità tra due masse neutre è un residuo delle forze elettriche, o di autopropulsione, che hanno luogo tra le loro particelle elementari (tonnellate). Questa affermazione può essere dimostrata in questa pubblicazione:

.- Lana-Renault, Yoël (2010): *Le "bolle di Aspin" e la forza di gravità*. Rivista Infinite Energy. Numero 115 (maggio/giugno 2014).
http://www.yoel-lana-renault.es/Aspin_Bubbles_and_the_force_of_gravity.pdf

o *"Bolle di Aspin" e la forza della gravità*.
http://www.yoel-lana-renault.es/AB_y_la%20fuerza_de%20_la_gravedad_v2.pdf

d) La forza di Casimir
- Utilizzando le (24) e (30) per piccole distanze, $10^{-10} \leq d \leq 10^{-4}\,m$ tra due masse neutre M y m, si ottiene una

forza molto più forte della gravità che è inversamente proporzionale alla distanza d alla potenza di quattro. Abbiamo verificato che si tratta della forza di Casimir:

$$F_{Casimir} = \sum F_{ij} = \sum \delta_i \delta_j \cdot \frac{Aspin_i}{Aspin_j} \cdot \frac{ke^2}{d^2 - R_{1j}^2} =$$

$$= -\frac{constante}{d^4} \qquad (31)$$

dove il valore di *constante* è

$$-ke^2 \cdot \sum \delta_i \delta_j \cdot R_{1j}^2 \cdot \frac{Aspin_i}{Aspin_j} \qquad (32)$$

La ragione di questa trasformazione della forza di gravità in forza di Casimir per piccole distanze è la posizione di equilibrio R_{1j} della membrana dell'elettrone. Poiché questo raggio è molto più grande dei raggi ton R_{1j} che compongono il nucleo dell'atomo, il valore del denominatore $d^2 - R_{1j}^2$ delle interazioni dell'elettrone è più piccolo, e quindi la sua interazione $F_{ij}(d)$ è molto più grande e prevale su tutte le interazioni del resto nella sommatoria delle forze, che ci dà l'espressione (31). La dimostrazione del risultato di questa forza tra due atomi di idrogeno si trova nella sezione 12 della pubblicazione:

- Lana-Renault, Yoël (2006): *"Bolle di Aspin": Progetto meccanico per l'unificazione delle forze della natura.* Rivista online APEIRON, vol. 13, n. 3, luglio, 344-374.

  http://redshift.vif.com/JournalFiles/V13NO3PDF/V13N3LAN.PDF

Questa forza è responsabile di tutte le forze attrattive conosciute tra atomi e/o molecole.

2.- Energia interna e dimensione della tonnellata

Per calcolare numericamente tutte le forze citate è necessario conoscere le caratteristiche del ton, in particolare il raggio (6) della posizione di equilibrio della membrana e i suoi parametri specifici r_o, A_o e x.

Nel paragrafo **1.2** abbiamo detto che il movimento oscillatorio di qualsiasi superficie sferica ton con una frequenza angolare ω è sempre dovuto alla soluzione esatta $r(\omega t)$ ottenuta quando l'energia totale E è nulla.

Con $E = 0$ e per $r = R_I$, la velocità della membrana è la velocità massima. Isolando nella (4) l'energia cinetica T per $r = R_I$ e con $E = 0$, si deduce che l'energia interna (E_{int}) di una tonnellata è l'energia cinetica massima della sua membrana, cioè:

$$E_{int} = T(R_I) = -V(R_I) = \frac{1}{2} M \cdot v_M^2 \qquad (33)$$

Ma sappiamo che qualsiasi particella a riposo con una massa m ha un'energia interna $E_i = m \cdot c^2$, e quindi l'energia interna di una tonnellata con una massa m segue questa relazione:

$$E_{int} = m \cdot c^2 = \frac{1}{2} M \cdot v_M^2 \qquad (34)$$

Da qui si può dedurre che la velocità massima della membrana è:

$$v_M = \sqrt{2 \cdot \frac{m}{M}} \cdot c = \sqrt{2 \cdot g_{AB}} \cdot c \qquad (35)$$

essendo g_{AB} il coefficiente che mette in relazione la massa ton m con la massa passiva M della sua membrana e che, come vedremo in seguito, il suo valore è quello del coefficiente giromagnetico g_S, chiamato anche *factor g*

$$g_{AB} = \frac{m}{M} = factor\ g = 2.00231930436152... \qquad (36)$$

e quindi la velocità massima della membrana è costante e leggermente superiore a $2c$.

NOTA: Come vedremo in un prossimo articolo, studi successivi ci hanno portato al fatto che il coefficiente g_{AB} potrebbe avere il seguente valore:

$$g_{AB} = \frac{m}{M} = \frac{\pi^2}{8} = 1.2337005501361698...\qquad \text{(36 bis)}$$

Inoltre, studiando il fotone, la creazione di coppie e lo scattering Compton (o effetto Compton), siamo giunti alla conclusione che l'energia interna di una tonnellata, in funzione della sua frequenza di pulsazione v (o frequenza angolare ω) segue questa relazione:

$$E_{int} = m\cdot c^2 = \frac{1}{2} h\cdot v = \frac{1}{2} \hbar\cdot\omega \qquad (37)$$

D'altra parte, per avere la descrizione completa di una tonnellata è necessario calcolare i suoi parametri specifici r_o, A_o e x . A questo scopo, sarà sufficiente conoscere la sua massa m e assegnare teoricamente un possibile valore per il raggio R_I della posizione di equilibrio della membrana

Procediamo come segue:

1.- Dalla (37) otteniamo la sua frequenza angolare ω e la sua frequenza di pulsazione v e la sua energia interna E_{int} .

2.- La posizione di equilibrio R_I della membrana soddisfa l'equazione (4) per $E = 0$

$$V(R_I) + T(R_I) = 0 \qquad (38)$$

3.- Utilizzando la (24), due tonnellate uguali i separate da una distanza d si respingono con una forza: (39)

$$F_{ii}(d) = \delta_i \cdot m_i \cdot \bar{a}_i \cdot \frac{R_{iI} R_{iI}}{d^2 - R_{iI}^2} = \delta_i \delta_i \cdot \frac{Aspin_i}{Aspin_i} \cdot \frac{k e^2}{d^2 - R_{iI}^2}$$

e semplificando si ottiene: $\delta_i \cdot m_i \cdot \bar{a}_i \cdot R_{iI}^2 = k e^2$ (40)

Da ciò si deduce che la carica unitaria e di una tonnellata i è semplicemente una costante positiva il cui valore è:

$$e = R_{iI} \sqrt{\frac{\delta_i \cdot m_i \cdot \bar{a}_i}{k}} \qquad (41)$$

Come risultato delle autopropulsioni $F_{ij}(d)$ delle tonnellate nell'etere, la positon è la tonnellata che assume il ruolo di avere una carica apparente unitaria positiva e^+ , mentre la negaton è la tonnellata che ha una carica apparente unitaria negativa e^- . La carica elettrica non è una proprietà intrinseca delle tonnellate (particelle elementari), ma è una conseguenza delle forze meccaniche di autopropulsione F_{ij} .

4.- Assegnazione del valore R_I

Per $x = 1$ (potenziale di Hooke) per la membrana pulsante avremmo un semplice movimento armonico vibratorio e quindi:

$$r = r(\omega t) = r_0 + A_0 \cdot \sin[\omega t] \qquad (42)$$

$$R_m = r\left(-\frac{\pi}{2}\right) = r_0 - A_0 \ , \ R_M = r\left(\frac{\pi}{2}\right) = r_0 + A_0$$

e $R_I = r_0$ para $\omega t = \varphi_I = 0$

$$v = \dot{r} = \omega \cdot A_0 \cdot \cos[\omega t] \qquad (43)$$

Per $\omega t = \varphi_I = 0 \Rightarrow v = v_M = \omega \cdot A_0$,

quindi $A_0 = \dfrac{v_M}{\omega}$ \qquad (44)

e se $R_m = 0 \Rightarrow r_0 = A_0$,

così $R_I = r_0 = A_0 = \dfrac{v_M}{\omega}$ \qquad (45)

Tenendo conto che l'asimmetria del nostro potenziale è una piccola correzione anarmonica del potenziale di Hooke, in base alla (45) abbiamo imposto la seguente condizione limite per il raggio della posizione di equilibrio della membrana:

$$R_I = \frac{v_M}{\omega} \cdot Aspin \qquad (46)$$

e utilizzando le (35) e (37), la posizione di equilibrio R_I della membrana di una ton$i$ assume la forma:

$$R_{Ii} = \frac{v_{Mi}}{\omega_i} \cdot Aspin_i = \qquad (47)$$

$$= \sqrt{\frac{g_{AB}}{2}} \cdot \frac{\hbar}{m_i \cdot c} \cdot Aspin_i \ \square \ \frac{\hbar}{m_i \cdot c} \cdot Aspin_i$$

Con questa imposizione, le dimensioni dei positoni e dei negatoni con uguale energia sono praticamente uguali e il positone è sempre un infinitesimo più alto del negatone. Questa è una conseguenza del valore di *Aspin* (25). Se le loro frequenze sono sincronizzate, il negaton può pulsare perfettamente all'interno del positon, il che ci dà una particella neutra.

Inoltre, secondo la (47), la dimensione delle tonnellate è inversamente proporzionale alla loro massa m_i. Più la tonnellata è massiccia, più la sua dimensione è piccola e il suo raggio minimo R_m tende a zero.

5.- Infine, sostituendo i valori (6), (7) e (12) nelle equazioni (38), (40) e (47) in modo che queste ultime dipendano solo dai parametri incogniti r_0, A_0 e x. In questo modo, abbiamo un sistema di tre equazioni non lineari con solo tre variabili incognite. Risolvendo questo sistema numericamente con almeno 70 decimali significativi, si ottengono i parametri specifici r_{0i}, A_{0i} e x_i di qualsiasi ton i. Possiamo quindi calcolare i loro raggi minimi e massimi secondo la (5).

Esempio:

Per il positrone (positon A)) otteniamo i seguenti risultati:

(48)

$$x_A = 0.99775825988766441974.....$$

$$r_{oA} = 3.63166505858223276044....\cdot 10^{-13}$$

$$A_{oA} = 3.63165593338020128472.....\cdot 10^{-13}$$

$$R_{MA} = r(\pi/2) = \left(r_{oA} + A_{oA}\right)^{x_A} = 7.732989.....\cdot 10^{-13}\ m$$

$$R_{IA} = \frac{v_{MA}}{\omega_A} \cdot Aspin_A =$$

$$= \left(r_{oA} + \frac{-r_{oA} + \sqrt{r_{oA}^2 + 4x_A(x_A - 1)A_{oA}^2}}{2x_A}\right)^{x_A} =$$

$$= 3.863831.....\cdot 10^{-13}\ m$$

$$R_{mA} = r(-\pi/2) = \left(r_{oA} - A_{oA}\right)^{x_A} = 1.001573.....\cdot 10^{-18}\ m$$

e per l'elettrone (negaton B) (49)

$x_B = 1.00225183617529672225.....$

$r_{oB} = 4.11085982358641652822..... \cdot 10^{-13}$

$A_{oB} = 4.11084940107422526362..... \cdot 10^{-13}$

$R_{MB} = r(\pi/2) = (r_{oB} + A_{oB})^{x_B} = 7.722334..... \cdot 10^{-13}$ m

$R_{IB} = \dfrac{v_{MB}}{\omega_B} \cdot Aspin_B =$

$= \left(r_{oB} + \dfrac{-r_{oB} + \sqrt{r_{oB}^2 + 4x_B(x_B - 1)A_{oB}^2}}{2x_B} \right)^{x_B} =$

$= 3.863831..... \cdot 10^{-13}$ m

$R_{mB} = r(-\pi/2) = (r_{oB} - A_{oB})^{x_B} = 9.494669..... \cdot 10^{-19}$ m

e, come possiamo vedere, l'elettrone può pulsare perfettamente all'interno del positrone, ottenendo così una particella neutra:

$\dfrac{R_{MA}}{R_{MB}} = 1.001379....$ $\dfrac{R_{mA}}{R_{mB}} = 1.054880....$ (50)

$\dfrac{R_{1A}}{R_{1B}} = 1.000000000000000000000979886....$

3.- Le forze Yannoe (sconosciute)

Per le Bolle di Aspin esiste una forza molto particolare, non ancora scoperta, che spiega molti fenomeni fisici ancora irrisolti. Il motivo è che la forza di Coulomb è molto più forte e quindi maschera quest'altra forza, rendendola molto difficile da individuare.

È una forza che agisce tra la materia neutra e una carica elettrica. Vediamo le caratteristiche di questa forza con un semplice esempio.

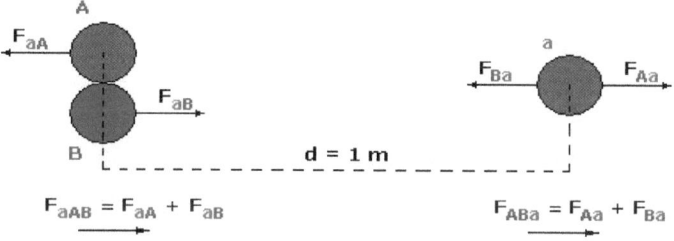

Nella figura abbiamo della materia neutra formata dall'unione di un positone **A** con un negaton **B**, e a una distanza $d = 1\ m$ poniamo un positone **a**. Consideriamo che le masse delle tre tonnellate siano identiche e che il loro valore sia la massa di un elettrone.

La forza esercitata dalla massa **AB** sulla posizione **a** è:

$$F_{ABa}(d) = F_{Aa}(d) + F_{Ba}(d) = \qquad (51)$$

$$= \delta_A \delta_a \cdot \frac{Aspin_A}{Aspin_a} \cdot \frac{k e^2}{d^2} + \delta_B \delta_a \cdot \frac{Aspin_B}{Aspin_a} \cdot \frac{k e^2}{d^2} =$$

$$= 2.260674227582720206011780812.....\cdot 10^{-49}\ N$$

e dato che il risultato è un numero positivo, significa che la massa neutra **AB** respinge la posizione **a**.

D'altra parte, la posizione **a** esercita una forza sulla massa **AB**:

$$F_{aAB}(d) = F_{aA}(d) + F_{aB}(d) = \qquad (52)$$

$$= \delta_a \delta_A \cdot \frac{Aspin_a}{Aspin_A} \cdot \frac{k e^2}{d^2} + \delta_a \delta_B \cdot \frac{Aspin_a}{Aspin_B} \cdot \frac{k e^2}{d^2} =$$

$$= -2.2606742275827202060139960016....\cdot 10^{-49} \, N$$

e poiché è un numero negativo significa che la posizione **a** attrae la massa neutra **AB**.

Pertanto, le due forze hanno la stessa direzione e orientamento e l'attrazione è leggermente superiore alla repulsione,

(53)
$$\frac{F_{aAB}(d)}{F_{ABa}(d)} = -1.00000000000000000000000979886.....$$

inoltre, l'accelerazione della posizione **a** sarà quasi doppia rispetto all'accelerazione della massa **AB**

Vediamo ora la relazione esistente tra queste forze e la forza elettrica:

$$\frac{F_{Aa}(d)}{F_{ABa}(d)} = 1.020526320....\cdot 10^{21} \quad (54)$$

Per tonnellate più pesanti, come 1.000 volte la massa dell'elettrone, si ottengono valori di 10^{18}.

Come possiamo vedere, la forza di Coulomb è 10^{18} a 10^{21} volte superiore a questa forza sconosciuta. Per questo motivo all'inizio di questa sezione abbiamo detto che è molto difficile individuarla perché le forze elettriche o le forze di Coulomb la mascherano.

Riassumendo, possiamo affermare che:

- La materia neutra respinge la carica positiva
- La carica positiva attrae la materia neutra

Se invece di mettere una posizione **a** mettiamo una negazione **b** come nella figura seguente:

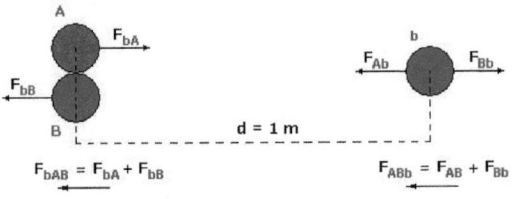

i valori che otteniamo sono simili, ma le forze hanno direzioni opposte e quindi possiamo aggiungere quanto segue:

- La materia neutra attrae la carica negativa
- La carica negativa respinge la materia neutra

Tenendo conto che una massa neutra ha infinite tonnellate, ci saranno infinite interazioni F_{ij} con una carica elettrica q . Di conseguenza, abbiamo calcolato la somma di queste forze e abbiamo dedotto e verificato che le formule generali delle 4 forze, d'ora in poi denominate **"forze di Yannoe"**, sono le seguenti:

1.- Una materia neutra con una massa M respinge la carica positiva q^+ con una forza

$$F_{yannoe} = \sum F_{ij} \cong \sqrt{G \cdot k} \cdot \frac{M}{d^2} \cdot q^+ \quad \text{per cui} \quad q^+ = e \cdot \sum \frac{\delta_j^+}{Aspin_j} \qquad (55)$$

2.- Una materia neutra con una massa M attrae la carica negativa q^- con una forza

$$F'_{yannoe} = \sum F_{ij} \cong \sqrt{G \cdot k} \cdot \frac{M}{d^2} \cdot q^- \quad \text{per cui} \quad q^- = e \cdot \sum \frac{\delta_j^-}{Aspin_j} \qquad (56)$$

Nota: d'ora in poi, le forze di attrazione di Yannoe saranno chiamate F'_{yannoe} per distinguerle dalle forze repulsive.

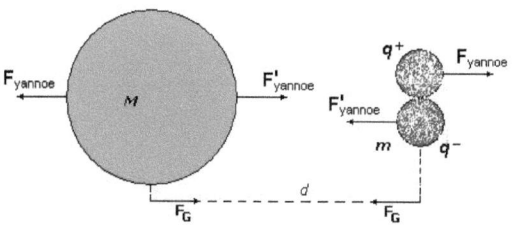

3.- Una carica negativa q^- respinge con una forza la materia neutra di massa M

$$F_{yannoe} = \sum F_{ij} \cong - q^- \cdot \sqrt{G \cdot k} \cdot \frac{M}{d^2} \quad \text{per cui} \quad q^- = e \cdot \sum \delta_i^- \cdot Aspin_i$$
(57)

4.- Una carica positiva q^+ attrae la materia neutra di una massa M con una forza

$$F'_{yannoe} = \sum F_{ij} \cong - q^+ \cdot \sqrt{G \cdot k} \cdot \frac{M}{d^2} \quad \text{per cui} \quad q^+ = e \cdot \sum \delta_i^+ \cdot Aspin_i$$
(58)

3.1 La forza di gravità come somma delle forze di Yannoe

Sommando le forze 1 e 2 si ottiene l'attrazione gravitazionale che M esercita su m.

$$F_{Gravedad} = - G \cdot \frac{M \cdot m}{d^2} \cong F_{yannoe} + F'_{yannoe} = \quad (59)$$

$$= \sum F_{ij} \cong \sqrt{G \cdot k} \cdot \frac{M}{d^2} \cdot e \cdot \sum \frac{\delta_j}{Aspin_j}$$

Sommando le forze 3 e 4 si ottiene la forza di gravità che m esercita su M.

$$F_{Gravedad} = - G \cdot \frac{m \cdot M}{d^2} \cong F_{yannoe} + F'_{yannoe} = \quad (60)$$

$$= \sum F_{ij} \cong - q \cdot \sqrt{G \cdot k} \cdot \frac{M}{d^2}$$

per cui

$$q = q^- + q^+ = e \cdot \sum \delta_i^- \cdot Aspin_i + e \cdot \sum \delta_i^+ \cdot Aspin_i =$$
$$= e \cdot \sum \delta_i \cdot Aspin_i$$

3.2 Intensità del campo gravitazionale

Possiamo anche ottenere la forza di gravità che una massa M esercita su un'altra m se conosciamo il totale delle cariche positive e negative della massa M. Utilizzando le (57), (58) e (60) otteniamo:

$$F_{Gravedad} = - G \cdot \frac{M \cdot m}{d^2} \cong F_{yannoe} + F'_{yannoe} = \quad (61)$$

$$= \sum F_{ij} \cong - q \cdot \sqrt{G \cdot k} \cdot \frac{m}{d^2}$$

E, quindi, possiamo calcolare la gravità g o l'intensità del campo gravitazionale della massa M ad una distanza d. Abbiamo verificato che in ogni momento:

$$g = \frac{F_{Gravedad}}{m} = - G \cdot \frac{M}{d^2} \cong g^+_{yannoe} + g^-_{yannoe} =$$

$$= \sum g_i \cong - q \cdot \frac{\sqrt{G \cdot k}}{d^2} \qquad (62)$$

dove l'intensità gravitazionale è la somma dei campi positivi e negativi di Yannoe che dipendono dal totale delle cariche di massa M :
(63) e (64)

$$g^+_{yannoe} = \frac{F_{yannoe}}{m} = \sum g_i^+ \cong - \frac{\sqrt{G \cdot k}}{d^2} \cdot e \cdot \sum \delta_i^- \cdot Aspin_i$$

$$g^-_{yannoe} = \frac{F'_{yannoe}}{m} = \sum g_i^- \cong - \frac{\sqrt{G \cdot k}}{d^2} \cdot e \cdot \sum \delta_i^+ \cdot Aspin_i$$

Esercizio:

Calcoliamo la gravità g sulla superficie terrestre (d = raggio terrestre) assumendo che tutta la massa della Terra M sia costituita da n atomi di idrogeno con una massa m, il cui protone è formato da due positoni (A e C) più un negatore B avente la stessa massa dei positoni, e che intorno al protone orbiti un elettrone D.

Pertanto, il numero totale n di atomi di idrogeno sulla Terra sarebbe:

$$n = \frac{M}{m} = 3.57148648... \cdot 10^{51} \qquad (65)$$

e l'intensità dei campi Yannoe sulla superficie terrestre secondo (63) e (64) sarà:

$$g^+_{yannoe} = \frac{F_{yannoe}}{m} = \sum g_i^+ \cong \qquad (66)$$

$$\cong - \frac{\sqrt{G \cdot k}}{d^2} \cdot n \cdot e \cdot (\delta_B^- \cdot Aspin_B + \delta_D^- \cdot Aspin_D) =$$

$$= 2.1836487860999922257803442006063.... \cdot 10^{19} \; m/s^2$$

$$g^{-}_{yannoe} = \frac{F'_{yannoe}}{m} = \sum g^{-}_{i} \cong \qquad (67)$$

$$\cong -\frac{\sqrt{G \cdot k}}{d^2} \cdot n \cdot e \cdot (\delta^{+}_{A} \cdot Aspin_{A} + \delta^{+}_{C} \cdot Aspin_{C}) =$$

$$= -2.1836487860999922587861937796000.... \cdot 10^{19} \; m/s^2$$

ottenendo un'intensità di campo residua Yannoe

$$g_{residual} = g^{+}_{yannoe} + g^{-}_{yannoe} = \qquad (68)$$

$$= -9.8275177353748952847334924065 28.... \; m/s^2$$

che possiamo confrontare con la gravità classica g

$$g = -G \cdot \frac{M}{d^2} = \qquad (69)$$

$$= -9.8275177353748952842425977603 49.... \; m/s^2$$

Dividendo entrambe le intensità (70)

$$\frac{g_{residual}}{g} = 1.00000000000000000004995103131 81110....$$ vediamo che sono praticamente uguali. È sempre soddisfatto che $g_{residual} \cong g$.

Se in questo esercizio pratico avessimo aggiunto i neutroni alla Terra, il risultato sarebbe ancora più preciso. Infatti, se avessimo usato solo i neutroni per comporre la Terra, allora $g_{residual} = g$.

L'aspetto importante di tutto ciò è osservare anche quanto segue:
(71)

$$\frac{g^{-}_{yannoe}}{g^{+}_{yannoe}} = -1.0000000000000000004500502918 75319...$$

e quindi il valore assoluto dell'intensità del campo negativo di Yannoe è un infinitesimo superiore all'intensità del campo positivo. Abbiamo quindi ottenuto le intensità dei campi gravitazionali attrattivi. E questo è il caso di ogni materia neutra.

Gli stessi risultati si sarebbero ottenuti anche se avessimo lavorato con un'Anti-Terra, cioè una Terra composta solo da antiidrogeni (antiprotoni più positroni).

Sono state effettuate numerose verifiche con altri esempi e possiamo affermare che l'antimateria non produce antigravità.

Conclusione: l'**antigravità non può esistere.**

Dati utilizzati: (72)

- Massa della Terra $M = 5.977 \cdot 10^{24}$ kg
- Raggio della Terra $d = R_T = 6.371 \cdot 10^6$ m
- Costante gravitazionale $G = 6.67384 \cdot 10^{-11}$ $N \cdot m^2 / kg^2$
- Costante di Coulomb $k = 10^{-7} \cdot c^2 =$
  $= 8.9875517873681764 \cdot 10^9$ $N \cdot m^2 / C^2$
- massa dell'elettrone $m_e = 9.1093837015 \cdot 10^{-31}$ kg
- massa del protone $m_p = 1.672621923692369 \cdot 10^{-27}$ kg
- massa del neutrone $m_n = 1.674927351 \cdot 10^{-27}$ kg
- carica elettrica elementare $e = 1.602176634 \cdot 10^{-19}$ C

3.3 Intensità del campo elettrico

Per lunghe distanze tra le tonnellate, $d \gg R_{1j}$, abbiamo visto che la forza di attrazione o repulsione elettrica è (vedi 26)

$$F_{ij}(d) = \delta_i \delta_j \cdot \frac{Aspin_i}{Aspin_j} \cdot \frac{k e^2}{d^2} \quad (73)$$

Da qui si deduce che il campo elettrico di una tonnellata i a una distanza d sarà:

$$E_i(d) = \delta_i \cdot Aspin_i \cdot \frac{k \cdot e}{d^2} \quad (74)$$

con $F_{ij}(d) = E_i(d) \cdot \dfrac{\delta_j \cdot e}{Aspin_j}$

Una materia neutra con una massa M ha cariche positive e negative, e quindi si creano sia un campo positivo che un campo elettrico negativo. Essi sono i seguenti:

$$E^+ = \sum E_i^+ = \frac{k \cdot e}{d^2} \cdot \sum \delta_i^+ \cdot Aspin_i \quad (75)$$

$$E^- = \sum E_i^- = \frac{k \cdot e}{d^2} \cdot \sum \delta_i^- \cdot Aspin_i \quad (76)$$

e sommando entrambi i campi, si avrà il seguente campo elettrico residuo

$$E_{residual} = E^+ + E^- = \frac{k \cdot e}{d^2} \cdot \sum \delta_i \cdot Aspin_i \qquad (77)$$

Il campo elettrico residuo segue queste relazioni:

$$E_{residual} \cong -\sqrt{\frac{k}{G}} \cdot g_{residual} \cong \qquad (78)$$

$$\cong -\sqrt{\frac{k}{G}} \cdot \left(-G \cdot \frac{M}{d^2}\right) = \sqrt{G \cdot k} \cdot \frac{M}{d^2}$$

e quindi il campo elettrico di qualsiasi massa neutra M è positivo e il suo valore alla distanza d è:

$$E \cong \sqrt{G \cdot k} \cdot \frac{M}{d^2} \qquad (79)$$

3.4 La forza di gravità e il campo elettrico E

Possiamo ottenere la forza di gravità che una massa neutra M esercita su un'altra m se conosciamo il totale delle cariche positive e negative della massa m .

Il campo elettrico E della massa M respinge le cariche positive della massa m secondo (74) e (79) con una forza

$$F = E \cdot q^+ = \sqrt{G \cdot k} \cdot \frac{M}{d^2} \cdot \sum \frac{\delta_j^+ \cdot e}{Aspin_j} \qquad (80)$$

e attrae le sue cariche negative con una forza

$$F^* = E \cdot q^- = \sqrt{G \cdot k} \cdot \frac{M}{d^2} \cdot \sum \frac{\delta_j^- \cdot e}{Aspin_j} \qquad (81)$$

Sommando le due forze si ottiene la forza di gravità

$$F + F^* = \sqrt{G \cdot k} \cdot \frac{M}{d^2} \cdot \sum \frac{\delta_j \cdot e}{Aspin_j} =$$

$$= F_{Gravedad} = -G \cdot \frac{M \cdot m}{d^2} \qquad (82)$$

Se guardiamo più da vicino, queste forze F e F^* sono esattamente le forze di Yannoe (55) e (56) che abbiamo visto prima, la cui somma ci ha dato il valore della forza di gravità (59).

Pertanto, possiamo concludere che la forza di gravità è un residuo infinitesimale della somma delle forze elettriche esistenti tra due materie neutre.

Esercizio:

Calcoliamo la forza di gravità esercitata dalla massa terrestre M nella sua superficie su una massa m composta da 100 neutroni che sono formati da due positoni (a e c) e due negatoni (b y d) con masse uguali.

Il campo elettrico della Terra nella sua superficie è:

$$E \cong \sqrt{G \cdot k} \cdot \frac{M}{d^2} = \quad (83)$$

$$= 1.1404510355429675853119356964... \cdot 10^{11} \; N/C$$

Nota: tenendo conto che tutti gli elettroni liberi, che sono il risultato della ionizzazione delle nubi, cadono a terra a causa della forza attrattiva di Yannoe, avremo uno strato di elettroni sulla superficie terrestre, il cui campo elettrico negativo farà diminuire drasticamente il campo elettrico positivo trovato. Secondo gli esperimenti, il campo elettrico risultante misurato sulla superficie terrestre è positivo e il suo valore si muove tra 60 e 150 N/C. Questo campo è molto difficile da misurare perché basta avere qualche centinaio di elettroni per avere forti campi elettrici negativi a distanze molto brevi $(10^{-9} \; m)$ simili al campo elettrico terrestre. E solo aumentando la distanza di un infinitesimo, il campo elettrico degli elettroni diventa irrilevante rispetto a quello della Terra.

Proseguendo con l'esercizio, le forze di repulsione e di attrazione sui neutroni saranno, rispettivamente, le seguenti:

$$F = E \cdot 100 \cdot \left(\frac{\delta_a \cdot e}{Aspin_a} + \frac{\delta_c \cdot e}{Aspin_c} \right) = \quad (84)$$

$$= 3.654408002736092335589351036... \cdot 10^{-6} \; N$$

$$F^* = E \cdot 100 \cdot \left(\frac{\delta_b \cdot e}{Aspin_b} + \frac{\delta_d \cdot e}{Aspin_d} \right) =$$

$$= -3.654408002736092337417930309... \cdot 10^{-6} \; N$$

e sommando otteniamo:

$$F + F^* = F_{Gravedad} = -G \cdot \frac{M \cdot m}{d^2} = \qquad (85)$$
$$= -1.646037824741699... \cdot 10^{-24} \, N$$

la forza di gravità, come abbiamo affermato nella (82).

Se le masse delle tonnellate di neutroni fossero diverse tra loro, il risultato sarebbe praticamente lo stesso.

3.5 Applicazioni delle forze di Yannoe

a) Sospensione del cloud

Cercando informazioni pertinenti nei manuali di meteorologia sulla sospensione delle nubi e su cosa sono, abbiamo trovato quanto segue:

- Le nuvole sono minuscole gocce d'acqua liquida in sospensione.

- La forma delle goccioline della nube è solitamente sferica; non ci sono goccioline con la tipica forma a "lacrima".

- Queste minuscole goccioline sono sospese nell'aria grazie alle loro piccole dimensioni, che oscillano tra 0,2 e 0,3 mm di diametro.

- Il diametro medio delle gocce di pioggia varia da 0,1 a 12 mm, ma in seguito le gocce tendono a rompersi. Il diametro medio massimo è di 5 mm, anche se in alcuni casi straordinari supera questi valori.

- Il diametro medio di una goccia di pioggia è di due millimetri; quello di una goccia di nuvola è un centesimo di questo.

- Cadono sotto forma di precipitazioni solo quando misurano tra 1 e 5 millimetri.

- Per poter precipitare, le gocce d'acqua devono continuare a crescere fino a raggiungere una dimensione vicina a 1 mm, il che significa che devono crescere di cento volte!

- Le nuvole sono costituite da cristalli di acqua e ghiaccio. Sarebbe logico pensare che, a causa dell'attrazione gravitazionale, questa massa dovrebbe cadere a terra, ma non è così", afferma il meteorologo José Miguel Viñas. Queste strutture nebbiose sono sospese grazie al movimento dell'aria. Nell'atmosfera c'è sempre un alto grado di turbolenza. Ci sono anse e vortici che fanno sì che le nuvole rimangano sospese", spiega.

- Quando la goccia ha dimensioni e peso tali da sfidare la forza dell'aria che la trattiene nella nuvola, inizia a cadere.

- All'interno delle nuvole, dove le temperature sono superiori a 0°C e l'aria è turbolenta, le goccioline si scontrano tra loro, crescono fino a raggiungere le dimensioni di una "goccia di pioggia" e poi cadono. Il processo accelera man mano che le gocce cadono. Questo processo di coalescenza (o collisione) fa sì che le gocce più grandi si scontrino con quelle più piccole, assorbendole e unendole, formando così una goccia più grande.

Come si può dedurre, non esiste una spiegazione scientifica unanime sul perché le nuvole "galleggino" nell'atmosfera. Al massimo, ci viene detto che c'è dell'aria che sale (sempre?) e che grazie al trascinamento dell'aria e all'attrito trattiene le gocce a una certa altezza. Questo non è credibile. Se fosse dovuto a correnti d'aria, vedremmo le nuvole muoversi su e giù in modo caotico. In una giornata piacevole, senza correnti d'aria verticali, vediamo le nuvole rimanere in una determinata posizione e altezza senza cadere.

Le forze di Yannoe risolvono il problema della sospensione delle nuvole, come vedremo di seguito.

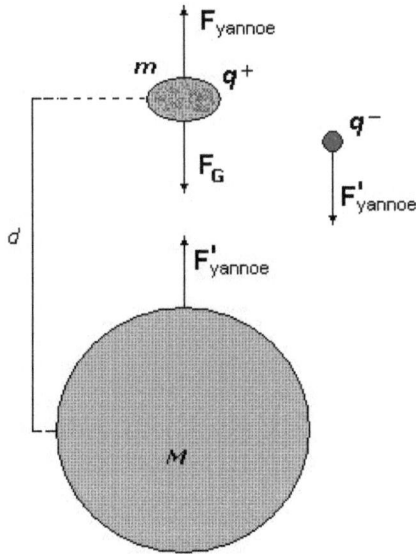

Nella figura precedente, la massa M è la Terra e m è la massa di una nube. A causa della radiazione solare, la nube perde elettroni $q^- = z \cdot e$ che vanno a terra, lasciando la nube carica positivamente q^+. Nota: poiché non sono rilevanti, in tutti i calcoli considereremo che i valori di *Aspin* siano uguali a uno.

Quali sono le forze che agiscono su una nuvola?

Da un lato abbiamo la forza repulsiva di Yannoe che la Terra esercita sulla carica positiva (useremo l'espressione 55),

$$F_{yannoe} = \sum F_{ij} = \sqrt{G \cdot k} \cdot \frac{M \cdot q}{d^2} \qquad (86)$$

e dall'altro lato, la Terra attira le nuvole grazie alla forza di gravità.

$$F_G = -G \cdot \frac{M \cdot m}{d^2} \qquad (87)$$

essendo $d = R + h$, il raggio della Terra più l'altezza delle nuvole h .

Se la forza di Yannoe è più forte della gravità, la nuvola sale. Se la forza è più debole, la nuvola scende.

La nube si stabilizzerà nell'atmosfera quando entrambe le forze saranno uguali. Da questa situazione si ottiene la seguente relazione:

$$m = m_{limite} = \sqrt{\frac{k}{G}} \cdot q = \sqrt{\frac{k}{G}} \cdot z \cdot e \qquad (88)$$

che ci dice che la massa della nube stabilizzata m a qualsiasi altezza h dipende solo dalla sua carica positiva $q = z \cdot e$.

Questa massa sarà chiamata *massa limite* e si può affermare che se

$m > m_{limite}$, il cloud va giù

$m < m_{limite}$, la nuvola sale

Calcoliamo ora il diametro di una goccia d'acqua *limite* che ha perso un elettrone ($z = 1$). La goccia di acqua ionizzata positivamente avrà una *massa limite*

$$m_{limite} = \sqrt{\frac{k}{G}} \cdot 1 \cdot e = 1,859273... \cdot 10^{-9} \ kg \qquad (89)$$

il suo volume sarà:

$$V_{limite} = \frac{m_{limite}}{densidad} = 1,859273... \cdot 10^{-12} \ m^3 \qquad (90)$$

e il suo diametro: (91)

$$\phi_{limite} = \sqrt[3]{\frac{6 \cdot V_{limite}}{\pi}} = 0,0001525... \ m = 0,1525... \ mm$$

Un altro dato interessante è la quantità di molecole d'acqua presenti: $6,21344... \cdot 10^{16}$

Se lo osserviamo, il valore del diametro corrisponde perfettamente al comportamento e alle dimensioni delle minuscole goccioline in una nuvola di cui abbiamo parlato prima.

Quando si forma una goccia, la sua massa è molto più piccola della *massa limite* e, quando quest'ultima è ionizzata positivamente, la forza di Yannoe la fa salire. Nel suo percorso verso l'alto, questa goccia si unisce ad altre gocce ionizzate, formando gradualmente una nuvola in aumento. Qui inizia un movimento caotico, con le gocce che si scontrano tra loro a causa di altre forze, le forze elettriche di repulsione tra le gocce ionizzate e le forze di Casimir che uniscono le masse, cosicché le gocce crescono in dimensioni e massa. In questo processo agisce anche l'umidità presente nell'aria, perché ci sono molecole d'acqua che si aggiungono alla nostra goccia grazie alle forze di Casimir.

D'altra parte, la *massa limite* può crescere perché abbiamo gocce ionizzate positivamente che sono molto cariche perché perdono più elettroni. Ad esempio, per una carica di $z = 1000$ otteniamo:

$m_{limite} = 1.859273... \cdot 10^{-6}\ kg$ e

$\phi_{limite} = 0.001525....\ m = 1.525....\ mm$ (92)

Gli elettroni rilasciati dalla radiazione solare aumentano il movimento caotico delle gocce di nuvola quando si scontrano con esse a causa dell'attrazione elettrica prima di cadere definitivamente sulla Terra grazie alla forza di Yannoe.

A un certo punto del processo, la nuvola si stabilizza a un'altezza specifica h quando tutte le forze che agiscono trovano un equilibrio.

Le variazioni dell'accelerazione della nube e della velocità di salita o discesa sono lente. A titolo di esempio, calcoliamo come salirebbe la caduta di *massa limite* precedente ($z = 1000$), pensando che si trovi a un'altezza $h = 2000\ m$ e che la destabilizziamo con un deficit di massa di 10^{-9} kg. La forza verso l'alto sarà: (93)

$$F_{asc} = F_{yannoe} - F_G = \sqrt{G \cdot k} \cdot \frac{M \cdot q}{d^2} - G \cdot \frac{M \cdot m}{d^2} = m \cdot a$$ Dividere per la massa m e designare

$$H_Y = \sqrt{G \cdot k} \cdot \frac{M \cdot q}{m} \quad e\, H_G = G \cdot M \quad (94)$$

vediamo che la goccia inizia a salire con un'accelerazione

$$a = \frac{H_Y - H_G}{d^2} = 0.0052852... \, m/s^2 \quad (95)$$

e qual è la sua velocità quando ha percorso ?10 m

Tenendo conto che l'accelerazione è variabile e diminuisce con l'altezza, dovremo calcolare la velocità in base alla distanza percorsa. Partendo dall'accelerazione

$$a = \frac{\partial v}{\partial t} = \frac{\partial d}{\partial t} \cdot \frac{\partial v}{\partial d} = v \cdot \frac{\partial v}{\partial d} = \frac{H_Y - H_G}{d^2} \quad (96)$$

e riorganizzare e integrare questa espressione

$$\int_{d_0}^{d} \frac{H_Y - H_G}{d^2} \cdot \partial d = \int_{0}^{v} v \cdot \partial v \quad (97)$$

otteniamo $\quad (98)$

$$v = \sqrt{2 \cdot (H_Y - H_G)} \cdot \sqrt{\frac{1}{d_0} - \frac{1}{d}} = 0.325121... \, m/s$$

essere $d_0 = R + h$ e $d = d_0 + 10 \, m$

Come $v = \frac{\partial d}{\partial t}$, isolando il tempo t otterremo questo:

$$t = \int_{d_0}^{d} \frac{\partial d}{\sqrt{2 \cdot (H_Y - H_G)} \cdot \sqrt{\frac{1}{d_0} - \frac{1}{d}}} = \quad (99)$$

$$= \frac{\sqrt{d_0}}{\sqrt{2 \cdot (H_Y - H_G)}} \cdot \left(\sqrt{d^2 - d_0 \cdot d} + \right.$$

$$\left. + \frac{d_0}{2} \cdot Ln \left[\frac{2 \cdot \left(d + \sqrt{d^2 - d_0 \cdot d} \right) - d_0}{d_0} \right] \right) = 61.5... \, s$$

Come si vede, l'accelerazione, la velocità e il tempo sono coerenti con quanto osservato.

Le gocce nella nube saliranno, scenderanno con maggiore o minore velocità, oppure si stabilizzeranno, a seconda di tutte le forze che agiscono su di esse (gravità, Coulomb, Casimir e Yannoe), come risultato della radiazione solare esistente nell'atmosfera terrestre. A tutto questo vanno aggiunte le forze di attrito delle gocce con l'aria.

b) L'espansione accelerata del nostro universo. Energia oscura.

Le forze di Yannoe possono spiegare l'espansione accelerata dell'universo. A tal fine, analizziamo la figura seguente:

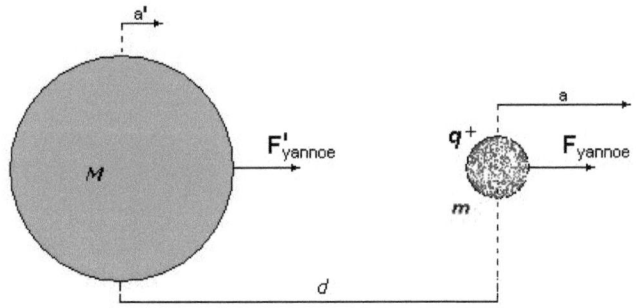

dove

$$F_{yannoe} \cong F'_{yannoe} = \sum F_{ij} \cong \sqrt{G \cdot k} \cdot \frac{M \cdot q}{d^2} \quad (100)$$

Le forze di attrazione e repulsione di Yannoe sono praticamente uguali, ma le accelerazioni che producono nelle loro masse sono molto diverse.
Per le masse M e m si avranno accelerazioni

$$a' = \frac{F'_{yannoe}}{M} \quad y \quad a = \frac{F_{yannoe}}{m}$$

e poiché M è molto più grande di m, allora $a \gg a'$.

Se M fosse la massa della Terra, per un catione libero (non legato) con una massa $m = 10^{-9}$ kg. sulla superficie terrestre, otterremmo i seguenti risultati:

$F_{yannoe} \cong F'_{yannoe} = 1.827.....\cdot 10^{-8}$ N , (101)

$a = 18.272... \ m/s^2$ y $a' = 3.057...\cdot 10^{-33} \ m/s^2$

Se analizziamo questa proprietà, i positroni liberi (i positoni) non possono esistere intorno a noi. La materia neutra li respinge. Possono rimanere con noi solo se reagiscono con qualche ione negativo, dato che la forza di attrazione tra loro è maggiore. Lo stesso accadrà agli ioni positivi. Pertanto, tutta la materia positiva (un eccesso di positoni) che non è legata inizierà a muoversi con un'accelerazione a verso i confini del nostro universo.

Questa materia positiva che si espande in modo accelerato nell'etere infinito determinerebbe i confini del nostro universo.

D'altra parte, la materia neutra non rimane ferma, perché la materia positiva in espansione accelerata attrae a sua volta la materia neutra. Pertanto, anche la materia neutra è in espansione accelerata, inseguendo la materia positiva che non riuscirà mai a catturare.

Riassumendo, l'universo accelerato si espande radialmente verso l'esterno in tutte le direzioni. I confini del nostro universo formano una membrana dinamica che si espande sfericamente, composta da *positoni* e materia ionizzata positivamente. Quest'ultima sostituirebbe **"l'energia oscura"** di cui tutti parlano. A sua volta, questa membrana, o corteccia elettronica, attrae tutti gli ioni neutri.

materia esistente al suo interno, senza mai raggiungerlo perché la sua accelerazione è minore.

c) Materia oscura

Sul sito web di Cosmoeduca:
http://www.iac.es/cosmoeduca/gravedad/fisica/fisica4.htm
dell'Instituto de Astrofísica de Canarias (Istituto di Astrofisica delle Canarie, o IAC) possiamo trovare un riassunto di come il concetto di

materia oscura sia emerso analizzando la rotazione delle galassie a spirale. Lì possiamo leggere quanto segue:

Le galassie sono i mattoni di base dell'universo, come i mattoni di una casa. E come i mattoni sono composti da minuscole particelle (granelli di sabbia), le galassie sono composte da stelle. Il nostro Sole è un'altra stella della nostra galassia, una stella molto importante per noi perché è molto vicina e ci fornisce calore e luce, ma nient'altro. È una stella come le altre della Via Lattea, che è formata da 200 miliardi di stelle, una delle quali è il Sole.

Le stelle di una galassia non sono ferme; si muovono sempre intorno al centro della galassia. Se non si muovessero, l'attrazione gravitazionale le attirerebbe immediatamente verso il centro della galassia, come accadrebbe anche alla Terra e agli altri pianeti del Sistema Solare se smettessero di muoversi intorno al Sole: verrebbero trascinati al suo interno.

In particolare ci chiediamo: come si muovono le stelle in una galassia? La risposta è facile: usando le leggi di Newton, esattamente come le usiamo per studiare il movimento dei pianeti intorno al Sole, deduciamo che devono percorrere orbite circolari o ellittiche intorno al centro di massa (il nucleo della galassia). Le stelle più lontane si muoveranno più lentamente (impiegheranno molto più tempo per orbitare intorno alla galassia); quelle più vicine si muoveranno più velocemente. Il Sole, che è una stella non troppo vicina né troppo lontana dal nucleo della galassia (si trova a circa 2/3 del raggio della galassia, a metà strada dal centro galattico), impiega circa 250 milioni di anni per compiere un giro completo. Ma queste cifre non sono importanti ora. La nozione importante è che *possiamo calcolare con grande precisione il movimento delle stelle* in qualsiasi galassia utilizzando le leggi di Newton (in realtà le correzioni relativistiche di Einstein non sono nemmeno necessarie, poiché le velocità stellari, di poche centinaia di km/s, sono molto più lente della velocità della luce. Newton è, tutto sommato, molto preciso in questo caso).

La rotazione delle galassie è stata osservata per la prima volta nel 1914 e da allora è stata misurata con grande precisione in molte galassie, non solo nella Via Lattea. La grande sorpresa è stata nel 1975, quando è stata misurata la velocità di rotazione di stelle che si *trovano molto lontane dal centro della galassia*: queste stelle si muovono molto *più velocemente di quanto dovrebbero secondo le* leggi di Newton (è come se i pianeti più lontani, per esempio Nettuno e Plutone, orbitassero molto più velocemente di quanto si calcola con le leggi di Newton). Il fatto è che questo accade non solo in una, ma in molte galassie di cui siamo riusciti a misurare la rotazione: la

Le parti esterne delle galassie orbitano molto più velocemente del previsto. Perché? Nessuno conosce ancora la risposta.

Negli ultimi trent'anni, gli astrofisici si sono trovati di fronte a questo dilemma: o le galassie hanno molta materia invisibile, cioè materia che non possiamo vedere, ma che causa una forte attrazione gravitazionale sulle stelle ai margini (che quindi orbiterebbero più velocemente), oppure né le leggi gravitazionali di Newton né quelle di Einstein sarebbero valide per queste regioni esterne delle galassie. Le due opzioni sono rivoluzionarie per la fisica: la prima implica l'esistenza di **materia oscura** nell'universo (materia invisibile che sta effettivamente influenzando i movimenti di stelle e galassie), mentre la seconda implica che le *leggi fondamentali* (Legge di Gravitazione Universale di Newton/Teoria della Gravità di Einstein) *sono errate*. Attualmente non sappiamo quale di queste due possibilità sia quella giusta (può darsi che entrambe siano corrette, cioè che esista la materia oscura e che anche le teorie di Newton/Einstein siano sbagliate, ma è meglio non pensarci).

La grande maggioranza degli astrofisici preferisce ricorrere alla materia oscura prima di mettere in discussione la legge di Newton/teoria della gravità di Einstein. Non si tratta solo di una questione di preferenze, perché le leggi di gravitazione funzionano con incredibile precisione in tutti gli *altri* casi in cui sono state messe alla prova (nei laboratori, nelle astronavi e nei voli interplanetari, nella dinamica del sistema solare, ecc.)

Il problema della materia oscura (se esiste davvero e se non è dovuto all'incompletezza delle leggi di Newton) è una delle questioni più importanti che l'astrofisica deve affrontare oggi.

  E nel sito di Wikipedia: https://en.wikipedia.org/wiki/Dark_matter, possiamo leggere quanto segue:

Nel 1933, l'astrofisico svizzero Fritz Zwicky, del California Institute of Technology (Caltech), fu il primo a fornire prove e a dedurre l'esistenza della "materia oscura".

Applicò il teorema del viraggio all'ammasso di Coma e ottenne la prova di una massa invisibile. Zwicky stimò la massa totale dell'ammasso in base ai moti delle galassie vicine al suo bordo. Confrontandola con una stima basata sulla luminosità e sul numero di galassie, Zwicky ha stimato che l'ammasso aveva una massa circa 400 volte superiore a quella prevista. L'effetto gravitazionale delle galassie visibili nell'ammasso era troppo piccolo per orbite così veloci, quindi la massa doveva essere nascosta alla vista. Questo è noto come il "problema della massa scomparsa". Sulla base di queste conclusioni, Zwicky dedusse che una **"materia invisibile"** avesse fornito la massa e l'attrazione gravitazionale associata per tenere insieme l'ammasso.

Quasi 40 anni dopo le osservazioni iniziali di Zwicky, nessun'altra osservazione le aveva corroborate, indicando un rapporto massa-luce diverso dall'unità (un elevato rapporto massa-luce indica la presenza di materia oscura). Ma alla fine degli anni '60 e '70, Vera Rubin, un'astronoma del Dipartimento di Magnetismo Terrestre della *Carnegie Institution di Washington,* presentò i risultati basati su un nuovo spettrografo altamente sensibile che poteva misurare

la curva di velocità delle galassie a spirale con una precisione superiore a qualsiasi altra precedente. In occasione di un raduno dell'American Astronomical Society tenutosi nel 1975 , insieme al suo collega Kent

Ford, Rubin annunciò la sorprendente scoperta che molte stelle in diverse orbite di galassie a spirale si muovevano all'incirca alla stessa velocità angolare, il che implicava che le loro densità erano molto uniformi indipendentemente dalla loro posizione (il bulge galattico). Questi risultati suggerivano che la gravità newtoniana non si applica universalmente o che più del 50% della massa delle galassie era contenuta nell'alone galattico relativamente scuro. Questa scoperta suscitò inizialmente scetticismo, ma Rubin insistette sulla correttezza delle sue osservazioni.

Alla fine altri astronomi confermarono il suo lavoro e si accettò che la maggior parte delle galassie era in realtà dominata dalla "materia oscura". Le eccezioni sembravano essere le galassie con rapporti massa-luce vicini a quelli delle stelle. Di conseguenza, molte osservazioni hanno indicato la presenza di materia oscura in diverse parti del cosmo. Insieme alle scoperte di Rubin sulle galassie a spirale e al lavoro di Zwicky sugli ammassi di galassie, per decenni sono state raccolte altre prove relative alla materia oscura, al punto che oggi molti astrofisici ne accettano l'esistenza. Come concetto unificante, la materia oscura è una delle caratteristiche prevalenti considerate nell'analisi delle strutture su scala galattica e anche su scale maggiori.

> Dopo aver visto questo, dimostreremo, con un esempio molto semplice, che la presenza di materia oscura (materia invisibile) nel centro di una galassia a spirale non è necessaria per spiegare la velocità orbitale osservata nelle stelle situate vicino al bordo dei bracci, che è più alta di quella prevista secondo le leggi di Newton.
>
> La spiegazione sta nelle forze di Yannoe, le forze newtoniane di Aspin Bubbles che non siamo riusciti a individuare.
>
> In seguito alla sezione 3 dimostriamo che:

- *La materia neutra attrae la carica negativa*
- *La carica negativa respinge la materia neutra*

e che le forze macroscopiche risultanti erano

$$F_{yannoe} \cong F'_{yannoe} = \sum F_{ij} \cong \pm \sqrt{G \cdot k} \cdot \frac{masa \cdot Q}{d^2} \quad (102)$$

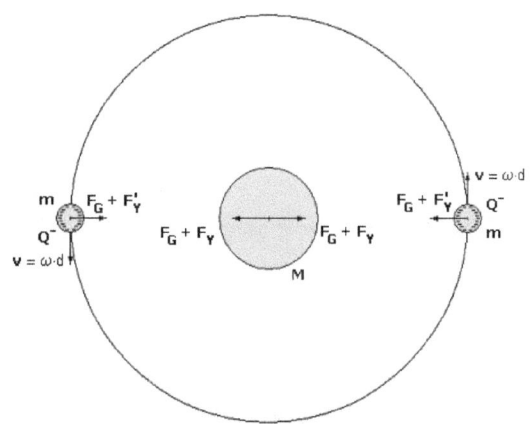

Nella figura abbiamo incluso due stelle con una massa m e una carica netta negativa Q^- situata sulla loro superficie esterna. Esse orbitano attorno a una stella centrale di massa neutra M. Il raggio dell'orbita è d.

In questo esempio ipoteticamente semplice consideriamo che, $M = 10^{40}$ kg $m = 2 \cdot 10^{20}$ kg e $d = 1$ kpc (raggio orbitale in kiloparsec). Le masse m hanno una carica netta negativa $Q^- = 10^{29} \cdot e = -1,6021 \cdot 10^{10}$ coulomb.

Se le forze di Yannoe non esistessero (F_Y, F'_Y), avremmo

$$F_G = G \cdot \frac{M \cdot m}{d^2} = m \cdot \frac{v_0^2}{d} \quad (103)$$

e si osserverebbe che la velocità orbitale media di m è

$$v_0 = \sqrt{\frac{G \cdot M}{d}} = 147,065 \; km/s \quad (104)$$

Tuttavia, poiché la forza attrattiva di Yannoe F'_Y esiste, abbiamo

$$F_{atractiva} = F_G + F'_Y = \quad (105)$$

$$= G \cdot \frac{M \cdot m}{d^2} + \sqrt{G \cdot k} \cdot \frac{M \cdot Q^-}{d^2} = m \cdot \frac{v^2}{d}$$

e osserviamo che la sua velocità orbitale è   (106)

$$v = \sqrt{\frac{G \cdot M}{d} + \sqrt{G \cdot k} \cdot \frac{M \cdot Q^-}{m \cdot d}} = 204,290 \ km/s$$

il che significa 38,91 % di velocità in più.

Se calcoliamo la massa apparente della stella secondo Newton, avremo

$$M_{aparente} = M \cdot \frac{v^2}{v_0^2} = 1,929636... \cdot 10^{40} \ kg \quad (107)$$

che implica l'esistenza di una **materia oscura** (materia invisibile) di massa

$$M_{oscura} = \quad (108)$$

$$= M_{aparente} - (M + 2 \cdot m) = 9,29636... \cdot 10^{39} \ kg$$

e rappresenta 92,96 % della massa totale che osserviamo.

In questo esempio vediamo chiaramente che l'esistenza della materia oscura al centro della galassia non è necessaria per spiegare la velocità orbitale osservata nelle stelle che si trovano vicino ai bracci delle galassie a spirale. Sono le forze di Yannoe che possono spiegare questo fenomeno naturale se consideriamo che le stelle m sono cariche negativamente. Le stelle m creano un potenziale elettrico V e un campo elettrico radiale E in tutto lo spazio. Le linee del campo elettrico saranno dirette verso m. A una distanza d, otteniamo i seguenti valori:

$$V = \frac{k \cdot Q^-}{d} = -4,66 \ V \quad (109$$

$$E = \frac{k \cdot Q^-}{d^2} = -1,51... \cdot 10^{-19} \ V/m$$

Abbiamo messo due stelle di massa m opposta nell'orbita, in modo che le forze che agiscono sulla stella centrale M si annullino a vicenda. A ogni lato di M abbiamo la somma di due forze, la forza di gravità F_G esercitata da una massa m più la forza repulsiva Yannoe esercitata dall'altra massa m.

Possiamo fare molti altri esempi di questo tipo con dati di ingresso diversi e ottenere altri risultati. Tenendo presente che le galassie a spirale hanno diversi bracci e che a loro volta sono formate da milioni di stelle che interagiscono tra loro, abbiamo davanti a noi un immenso lavoro di ricerca se vogliamo sostituire la materia oscura con le forze di Yannoe delle bolle di Aspin.

Le galassie a spirale possono anche essere formate dall'esistenza di una stella centrale di massa M positiva con una carica netta Q^+. Le stelle orbitanti avrebbero una massa neutra m come nella figura seguente:

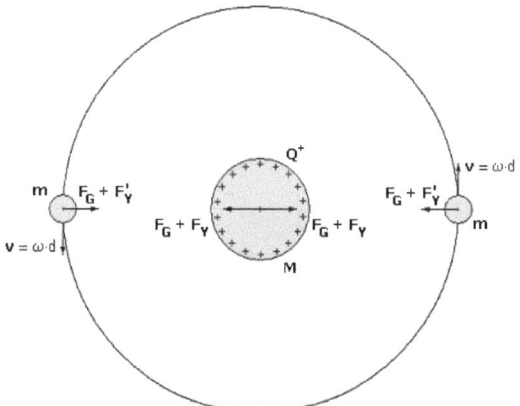

In questo caso, agiscono anche le forze Yannoe e

- La materia neutra respinge la carica positiva
- La carica positiva attrae la materia neutra

in modo tale che la forza attrattiva totale sia:

in modo tale che la forza attrattiva sia totale:

$$F_{atractiva} = F_G + F_Y' = \qquad (110)$$

$$= G \cdot \frac{M \cdot m}{d^2} + \sqrt{G \cdot k} \cdot \frac{m \cdot Q^+}{d^2} = m \cdot \frac{v^2}{d}$$

e osserveremo che la sua velocità orbitale è

$$v = \sqrt{\frac{G \cdot M}{d} + \sqrt{G \cdot k} \cdot \frac{Q^+}{d}} \qquad (111)$$

Possiamo concludere dicendo che le forze di Yannoe sono gli strumenti che Aspin Bubbles offre agli astrofisici per spiegare tutti i fenomeni galattici che osserviamo applicando esclusivamente le leggi di Newton. Con queste, la **materia oscura** non è necessaria.

d) Astronavi. UFO

Un'astronave stabilizzata nell'atmosfera terrestre a una determinata altezza h soddisfa gli stessi requisiti di una nuvola. (vedi 88)

$$m = m_{limite} = \sqrt{\frac{k}{G}} \cdot q = \sqrt{\frac{k}{G}} \cdot z \cdot e \qquad (112)$$

quindi, un'astronave con una massa $m = 1000$ kg deve avere il seguente deficit di elettroni. Isolando z dalla formula precedente si ottiene

$$z = \sqrt{\frac{G}{k}} \cdot \frac{m}{e} = 5{,}378446\ldots \cdot 10^{11} \; electrones \qquad (113)$$

Con questa quantità di elettroni, l'astronave galleggerà sull'aria a qualsiasi altezza h.

Ora progettiamo l'astronave in modo che salga o scenda a piacimento. A tal fine, avrà bisogno di carburante, che sarà fornito in due contenitori uguali. In un contenitore ci saranno elettroni o ioni negativi e nell'altro positroni o ioni positivi con lo stesso valore assoluto q. Con queste condizioni, l'astronave avrà una massa neutra e si troverà a terra per effetto della gravità.

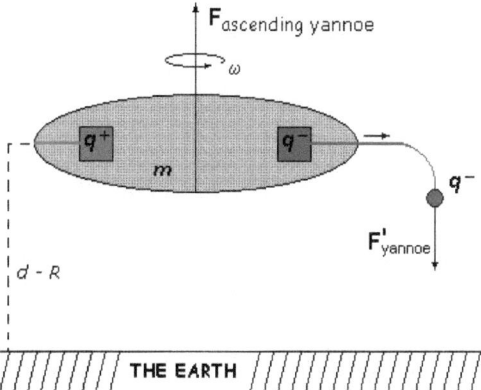

Per iniziare un decollo con un'accelerazione pari a n volte la gravità $(n \cdot g)$ dobbiamo conoscere la quantità z di carica negativa che dobbiamo rilasciare. Dall'equazione (93) otteniamo l'espressione:

$$z = (n+1) \cdot \sqrt{\frac{G}{k} \cdot \frac{m}{e}} \qquad (114)$$

Per la gravità zero $(n=0)$ si ottiene l'espressione (88), come previsto.

Per iniziare un viaggio verso la Luna con un'accelerazione di g dobbiamo avere un deficit di carica di:

$$z = 2 \cdot \sqrt{\frac{G}{k} \cdot \frac{m}{e}} = 1,0756892... \cdot 10^{12} \; electrones \qquad (115)$$

Togliendo ora questi elettroni dal loro contenitore, l'astronave inizierà il suo viaggio verso la Luna con accelerazione g. Gli elettroni andranno a terra per effetto della forza di Yannoe, e per evitare interferenze con l'astronave propongo di imprimere un movimento di rotazione attorno al suo asse con una velocità angolare ω in modo che escano dall'astronave grazie alla forza centrifuga. Ci devono essere diverse uscite di carica equidistanti per mantenere l'equilibrio della navicella. Durante il (breve) tempo che impieghiamo per rimuovere gli elettroni dall'astronave, l'accelerazione passa da zero a g.

Come in precedenza, la spinta o forza ascensionale del veicolo spaziale sarà:

$$F_{asc} = F_{yannoe} - F_G = \qquad (116)$$

$$= \sqrt{G \cdot k} \cdot \frac{M \cdot q}{d^2} - G \cdot \frac{M \cdot m}{d^2} = m \cdot a$$

con accelerazione $a = \dfrac{H_Y - H_G}{d^2}$,

velocità $v = \sqrt{2 \cdot (H_Y - H_G)} \cdot \sqrt{\dfrac{1}{d_0} - \dfrac{1}{d}}$ (117)

e tempo:

$$t = \frac{\sqrt{d_0}}{\sqrt{2 \cdot (H_Y - H_G)}} \cdot \left(\sqrt{d^2 - d_0 d} + \right. \qquad (118)$$

$$\left. + \frac{d_0}{2} \cdot Ln \left[\frac{2 \cdot \left(d + \sqrt{d^2 - d_0 d} \right) - d_0}{d_0} \right] \right)$$

essendo d_0 , in questo caso il raggio della Terra.

Vediamo ora tre risultati del nostro viaggio.

1°.- Per $d = 10000 \ km$ otteniamo: (119)

$$a = 3,98895... \ m/s^2$$
$$v = 6,74115... \ km/s$$
$$t = 0,25975... \ h$$

2°.- Per $d = 100000 \ km$ otteniamo: (120)

$$a = 0,03988... \ m/s^2$$
$$v = 10,82794... \ km/s$$
$$t = 2,72670... \ h$$

3°.- E infine, quando arriviamo alla Luna, la raggiungiamo con:
$$(121)$$
$$a = 0,00269... \ m/s^2$$
$$v = 11,09729... \ km/s$$
$$t = 9,91078... \ h$$

Se volessimo viaggiare più velocemente, ad esempio con un'accelerazione costante g per tutto il viaggio, sarebbe sufficiente liberarsi del maggior numero di elettroni durante il viaggio per avere un movimento uniformemente accelerato. Il viaggio sarebbe molto piacevole perché avremmo costantemente la gravità g , avremmo lo stesso peso e arriveremmo sulla Luna molto prima e a una velocità molto elevata.

$$t = \sqrt{\frac{2 \cdot d}{g}} = 2,45878... \, h$$

$$v = g \cdot t = 86,98958... \, km/s \qquad (122)$$

Potremmo anche viaggiare molto più velocemente, con accelerazioni di $2g$ o più, tanto quanto il corpo umano può sopportare.

Per tornare sulla Terra dovremmo diminuire la velocità e ruotare di 180°. Per farlo, dobbiamo liberarci della carica positiva, che andrà nello spazio lontano, in modo che il veicolo spaziale sia carico negativamente e quindi venga attratto dalla Terra per effetto della forza di Yannoe. Poiché le uscite di carica sono situate radialmente e in modo equidistante, è facile cambiare direzione. La quantità di cariche positive e negative in uscita deve essere controllata in modo da formare una coppia che consenta al veicolo spaziale di invertire la rotta.

Il carburante non è un problema. È sufficiente trasportare nella navicella un materiale neutro che possiamo scomporre in ioni positivi e negativi o in positroni ed elettroni.

IMPORTANTE: per muoversi attraverso l'atmosfera terrestre a grandi velocità è necessario non avere attrito. La forza di Yannoe: **"la carica negativa respinge la materia neutra"** risolve questo problema. Si tratta quindi di introdurre una carica negativa intorno all'intera superficie del veicolo spaziale per respingere tutte le particelle neutre dell'atmosfera. In questo modo, non ci sarà attrito e la navicella non si riscalderà.

Nei nostri calcoli precedenti non abbiamo considerato la repulsione di Yannoe né l'attrazione gravitazionale esercitata dalla Luna per semplificare tali calcoli. Se li avessimo considerati, avremmo avuto un tempo leggermente più lungo e una velocità finale leggermente inferiore. Nella formula generale della forza ascensionale dobbiamo sommare i due termini relativi alla Luna, sottrarre la repulsione di Yannoe e aggiungere l'attrazione gravitazionale. Questa sarebbe l'equazione corrispondente:

$$F_{ascendente} = F_{yannoeT} - F_{GT} - F_{yannoeL} + F_{GL} = (123)$$

$$= \sqrt{G \cdot k} \cdot \frac{M_T \cdot q}{d^2} - G \cdot \frac{M_T \cdot m}{d^2} -$$

$$- \sqrt{G \cdot k} \cdot \frac{M_L \cdot q}{(D-d)^2} + G \cdot \frac{M_L \cdot m}{(D-d)^2} = m \cdot a$$

dove D è la distanza tra i centri della Terra e della Luna.

Dividere per la massa m e designare   (124)

$$H_{YT} = \sqrt{G \cdot k} \cdot \frac{M_T \cdot q}{m} \quad , H_{YL} = \sqrt{G \cdot k} \cdot \frac{M_L \cdot q}{m} ,$$
$$H_{GT} = G \cdot M_T \quad \text{y} \quad H_{GL} = G \cdot M_L$$

vedremo che l'accelerazione verso l'alto in base alla distanza d è:

$$a(d) = \frac{H_{YT} - H_{GT}}{d^2} - \frac{H_{YL} - H_{GL}}{(D-d)^2} \quad (125)$$

e la velocità: (126)

$$v(d) = \sqrt{2 \cdot (H_{YT} - H_{GT})} \cdot \sqrt{\frac{1}{R_T} - \frac{1}{d}} -$$
$$- \sqrt{2 \cdot (H_{YL} - H_{GL})} \cdot \sqrt{\frac{1}{D-d} - \frac{1}{D-R_T}}$$

I risultati sono piuttosto diversi:

1°.- Para $d = 10000$ km otteniamo: (127)
$a = 3,98891... \, m/s^2 \qquad$ e $v = 6,72530... \, km/s$

2°.- Para $d = 100000$ km otteniamo: (128)
$a = 0,03982... \, m/s^2 \qquad$ e $v = 10,73561... \, km/s$

3°.- E infine, quando arriveremo sulla superficie della Luna, la raggiungeremo con: (129)

$a = -1,61967... \, m/s^2 \qquad$ e $v = 8,72622... \, km/s$

Se osserviamo attentamente, l'effetto della Luna non è rilevante all'inizio del viaggio; tuttavia, alla fine di esso l'accelerazione cambia orientamento, diventa negativa e la velocità del veicolo spaziale diminuisce. Una rappresentazione parziale dell'accelerazione è

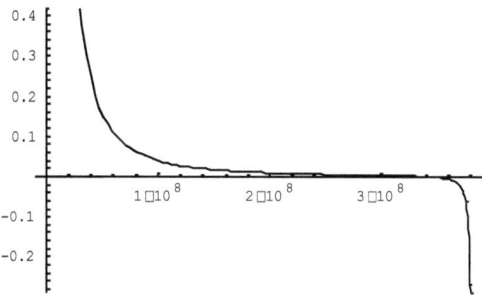

dove si vede che l'accelerazione è nulla alla distanza

$$d = \frac{D \cdot \left(M_T - \sqrt{M_T \cdot M_L}\right)}{M_T - M_L} = 346544 \; km \qquad (130)$$

Una rappresentazione parziale della velocità è

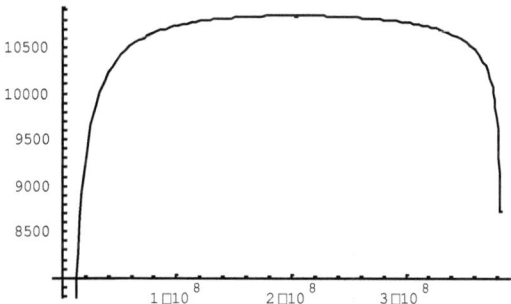

Queste variazioni di accelerazione, velocità e tempo finale, dovute all'interazione di diversi corpi celesti, sono dannose per la stabilità dei passeggeri dell'astronave. È meglio pilotare l'astronave con un'accelerazione costante. Questo si può ottenere, come già detto, rilasciando cariche negative o positive a seconda dei casi durante tutto il viaggio. Vediamo alcuni esempi pratici.

Alcuni astronauti addestrati potrebbero viaggiare sulla Luna con un'accelerazione costante $a = 3g$. Sarebbe un viaggio scomodo ma breve. Il tempo per coprire la distanza e la velocità finale di arrivo sarebbero:

$$t = \sqrt{\frac{2 \cdot d}{a}} = 1,41958... \ h$$

$$v = a \cdot t = 150,67038... \ km/s$$

Un'ora e mezza di viaggio con un'accelerazione di $a = 3g$ è fattibile, ma non per viaggi più lunghi.

La cosa più normale da fare è viaggiare con un'accelerazione costante g per tutto il viaggio. I passeggeri si sentirebbero come se fossero sulla Terra e potrebbero lavorare e riposare normalmente. Vediamo la velocità finale e il tempo per le diverse destinazioni:

1°.- Giove, distanza $d \square 594 \cdot 10^6 \ km = 594 \cdot 10^9 \ m$

$$t = \sqrt{\frac{2 \cdot d}{a}} = 96,579... \ h = 4,024... \ days$$

$v = a \cdot t = 3416,883... \ km/s$ \qquad (132)

2°.- Plutón, distanza $d \square 7259 \cdot 10^6 \ km = 7259 \cdot 10^9 \ m$

$$t = \sqrt{\frac{2 \cdot d}{a}} = 337,620... \ h = 14,067... \ days \quad v = a \cdot t = 11190,268... \ km/s$$

(133)

3°.- Stella Sirio, distanza

$d \square 8,611 \ light \ years = 8,141... \cdot 10^{16} \ m$ \qquad (134)

$$t = \sqrt{\frac{2 \cdot d}{a}} = 1489,771... \ days = 4,081... \ years$$

$$v = a \cdot t = 1,264... \cdot 10^6 \ km/s = 4,219... \cdot c$$

Impiegare 4 giorni per andare su Giove e 14 giorni per andare su Plutone è davvero poco. Potremmo viaggiare in modo confortevole e rendere il viaggio breve sfruttando le forze di Yannoe. In tutti questi viaggi dovremmo invertire l'accelerazione a un certo momento per raggiungere la nostra destinazione a velocità zero, sfruttando la repulsione della forza di Yannoe esercitata dal corpo celeste sull'astronave carica positivamente. Ovviamente, la durata del viaggio sarebbe leggermente più lunga.

C'è un aspetto negativo nel viaggiare verso la stella Sirio, tenendo conto dell'attuale livello di conoscenza, e cioè che viaggeremmo a una velocità finale che è 4 volte la velocità della luce c .

Per le bolle di Aspin questo non è un problema. La scienza attuale ha commesso un errore, che è quello di aver estrapolato la relatività, qualcosa che funziona bene in laboratorio (acceleratori lineari) alla realtà di ciò che ci circonda. Per anni ci siamo imposti la velocità della luce come limite, insieme al fatto che il tempo si accorcia e la massa aumenta con l'aumentare della velocità. Questo accade solo negli esperimenti forzati di laboratorio, che sono esperimenti artificiali creati dagli scienziati, le cui conclusioni non dovrebbero essere estrapolate al resto dell'Universo. Vi siete mai chiesti cosa facciamo qui se non possiamo viaggiare nell'Universo e scoprire nuovi mondi? La relatività è una condanna a vita e una limitazione della libertà umana. È necessario tornare alla meccanica newtoniana per esplorare l'Universo.

4.- Conclusioni e temi rilevanti per il futuro

In questa prima parte di **"Aspin Bubbles"** abbiamo visto come le principali forze conosciute possano essere unificate in funzione di un'unica interazione meccanica o autopropulsione F_{ij} tra le tonnellate (positoni e negatoni), che sono i mattoni della materia. Sulla base della forza F_{ij} abbiamo ottenuto:
- La forza elettrica
- La forza nucleare
- La forza di gravità
- La forza di Casimir

Abbiamo recuperato l'"etere luminifero" definito nel XIX secolo con un'importante differenza: questo etere non si muove. Abbiamo un mezzo elastico, stazionario, continuo, omogeneo e isotropo in cui la materia in movimento non ha attrito.

I ton sono bolle pulsanti di etere energetico, un etere che assume la forma di una sfera cava che si comprime e si dilata. Il movimento oscillatorio della sua membrana o superficie sferica è armonico e asimmetrico, e produce onde sferiche nell'etere che viaggiano alla velocità della luce e che modificano le loro proprietà elastiche. Le tonnellate si auto-propongono in questo etere disturbate dalle onde create da altre tonnellate. E conoscendo la loro massa, otteniamo tutte le loro caratteristiche (dimensioni, energia interna, frequenza di pulsazione, posizione, velocità e accelerazione della membrana, ecc.)

La materia è costituita da tonnellate legate tra loro attraverso le forze F_{ij}. La materia in movimento trasporta il suo campo d'onda attraverso l'etere. Le proprietà elastiche dell'etere disturbate dalla materia circostante accompagnano quest'ultima nel suo movimento. Questa piccola differenza è la soluzione perfetta per l'interpretazione di tutti gli esperimenti classici.

Inoltre, **"Aspin Bubbles"** apre la porta a nuove conoscenze ottenendo una forza che non è ancora stata rilevata. Non abbiamo i mezzi tecnici per rilevare residui elettrici di 10^{-40} coulomb. A seconda delle forze F_{ij}, si ottiene una forza di attrazione o repulsione molto particolare tra materia ionizzata e neutra che abbiamo chiamato **"forza di Yannoe"**.

Il suo valore si colloca tra la forza elettrica e la forza di gravità. Con essa siamo riusciti a dare una spiegazione fisica e reale dei seguenti argomenti:

- Sospensione della nuvola
- Energia oscura
- Materia oscura
- Il funzionamento delle astronavi

Senza la moderna informatica sarebbe stato impossibile ottenere i risultati presentati, poiché è necessario lavorare con almeno 70 decimali significativi. Possiamo dire che è proprio grazie all'informatica che **"Aspin Bubbles"** è la continuazione della meccanica newtoniana. Tutto l'Universo è meccanica. Nel XX secolo era impossibile pensare che la gravità fosse solo un residuo elettrico o, meglio, un residuo delle forze meccaniche di autopropulsione F_{ij}.

In un prossimo articolo "Aspin Bubbles" affronterà i seguenti argomenti rilevanti:

Fulmini e altri fenomeni atmosferici

Effetti di Yannoe su tutto ciò che ci circonda

Il campo elettrico come intensità dell'onda sferica ton

Densità dell'etere

Dimensioni meccaniche delle grandezze e, k and E

La rotazione ton (spin), il suo momento magnetico e il fattore $g = g_{AB}$

Il campo magnetico come misura delle capacità di stiramento e tensione dell'etere

La creazione di onde elettromagnetiche da parte della struttura dei fotoni

Fotoni e produzione di coppie

L'effetto fotoelettrico e la diffusione Compton (o effetto Compton)

La forza di Lorentz

Protoni, neutroni, neutrini e altre particelle

Orbitali elettronici

Nuclei, atomi e molecole

Antiparticelle e antiatomi

L'antimateria non può esistere perché non si possono formare antimolecole

La relatività esiste solo nei laboratori

La meccanica quantistica come risultato della pulsazione ton

Altra possibile materia oscura: i buchi neri

Struttura dei nuclei atomici

RIFERIMENTI

Alonso, M. & Finn, Edward J. (1967) *Fisica universitaria fondamentale, Vol. 1, Meccanica.* Società editrice Addison-Wesley

Alonso, M. & Finn, Edward J. (1967) *Fisica universitaria fondamentale, Vol. 2, Campi e onde.* Società editrice Addison-Wesley

Alonso, M. & Finn, Edward J. (1967) *Fisica universitaria fondamentale, Vol. 3, Fisica quantistica e statistica.* Società editrice Addison-Wesley

Bordag, M., Mohideen, U. e Mostepanenko, V.M. (2001) *Physics Reports* Vol. 353 Issues 1-3 e riferimenti ivi riportati

Burbano, S., Burbano, E. e Gracia, C. (1993) *Física General.* Casa editrice Mira Editores

Casimir, H.B.G. *Atti della Sezione di Scienze, Koninklijke Nederlandsche Akademie van Wetenschappen (Kon.Ned. Akad. Wetensch.Proc.)* B51 (1948) 793-795

Chang, R. (1991) *Chimica.* McGraw Hill, Inc., U.S.A.

Crozon, M. (1987) *La matière première.* Edizioni Seuil, Parigi

Davis, P. & Gribbin, J. (1992) *The Matter Myth: Beyond Chaos and Complexity* Penguin Books Ltd. (1992).

Feynman, R. P., Leighton, R. B. & Sands, M. (1964) *The Feynman Lectures on Physics, Volume I, Mainly Mechanics, Radiation, and Heat.* Addison Wesley Pub.

Feynman, R. P., Leighton, R. B. & Sands, M. (1964) *The Feynman Lectures on Physics, Volume II, Mainly Electromagnetism and Matter.* Addison Wesley Pub.

Feynman, R. P., Leighton, R. B. & Sands, M. (1964) *The Feynman Lectures on Physics, Volume III, Quantum Mechanics.* Addison Wesley Pub.

Firestone, R. B. (1996) *Tavola degli isotopi.* Pubblicazione Wiley-Interscience

French, A. P. (1993) *Relatività speciale.* W.W. Norton & Company, Inc., New York

French, A. P. (1993) *Vibrazioni e onde.* W.W. Norton & Company, Inc., New York

Glashow, S. L. (1991) *Il fascino della fisica.* Istituto americano di fisica

Lambrecht, A. & Reynaud, S. Preprint (2003) *Esperimenti recenti sull'effetto Casimir: Descrizione e analisi.* arXiv:quant-ph/0302073v1

Kibble, T.W.B. (2004) *Meccanica classica.* Imperial College Press, Londra

Lamoreaux, S.K. (1999) *Resource Letter CF-1: Forza di Casimir Am. J. Phys. 67,* 850-861

Landau e Lifshitz. (1960) *Meccanica.* Pergamon Press

Landsberg, G.S. (1976). *Ottica.* Casa editrice MIR, Mosca

Lorrain, P. e Corson, D. R. (1991) *Campi e onde elettromagnetiche.* W.H. Freeman & Co, New York

Messia, A. (1969) *Mécanique Quantique, Tome 1 et 2.* Editeur Dunod, Parigi

Milonni, P.W. (Accademico, 1994) *Il* vuoto *quantistico*

Mostepanenko, V.M. e Trunov, N.N. (Clarendon, 1997) *L'effetto Casimir e le sue applicazioni.*

Ne'eman, Y. & Kirsh, Y. (1986) *I cacciatori di particelle.* Sindacato della stampa dell'Università di Cambridge

Serway, R. A. (1990) *Physics for Scientists and Engineers, Volumes I and II.* Harcourt College Pub; 3a edizione

Sparnaay, M.J. (North-Holland, 1989) in *Physics in the Making* eds Sarlemijn, A. and Sparnaay, M.J. 235 e relativi riferimenti.

Reeves, H. *(1988) Patience dans l'Azur. L'évolution cosmique.* Edizioni Seuil, Parigi

Resnick, R. (1968) *Basic Concepts in Relativity and Early Quantum Theory.* John Wiley & Sons, Inc.

Resnick, R. (1968) *Introduzione alla relatività speciale.* John Wiley & Sons, Inc.

Schiff, L. I. (1968) *Meccanica quantistica.* McGraw-Hill Education

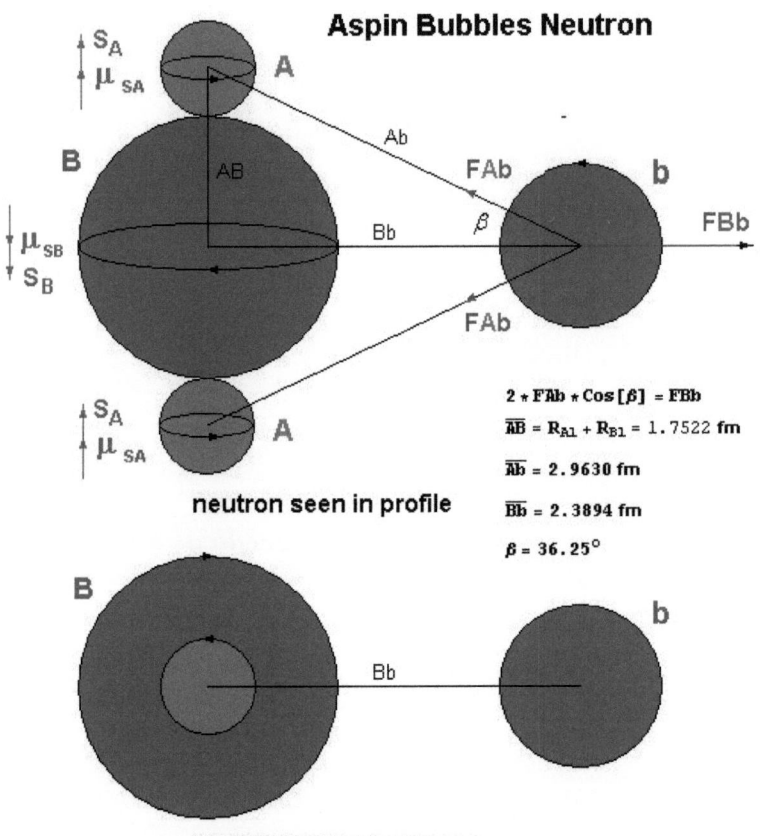

I want morebooks!

Buy your books fast and straightforward online - at one of world's fastest growing online book stores! Environmentally sound due to Print-on-Demand technologies.

Buy your books online at
www.morebooks.shop

Compra i tuoi libri rapidamente e direttamente da internet, in una delle librerie on-line cresciuta più velocemente nel mondo! Produzione che garantisce la tutela dell'ambiente grazie all'uso della tecnologia di "stampa a domanda".

Compra i tuoi libri on-line su
www.morebooks.shop

info@omniscriptum.com
www.omniscriptum.com

Printed by Books on Demand GmbH, Norderstedt / Germany